はじめに

幸いにも、前著『悩ましい翻訳語』が好評をもって迎えられたので、続編を書いてみようということになった。個別の単語について、前回書き残したこともいくつかあるが、今回はとくに外国語と日本語の意味のちがいがもたらす訳語の問題に重点をおいてみた。

翻訳に際して、訳語の選定に苦労するのは、言葉の守備範囲のちがいである。安直な英和辞書では一つの英単語に一つか二つの日本語しか与えられていないが、英語と日本語が厳密に一対一の対応をしていることなど滅多にない。一つの単語には定着するまでの歴史的な経緯があり、類似語や対立語との関係で、その言葉の守備範囲が決まってくる。

一つの単語がどれほどの意味内容をもつか把握しようと思うなら、大きな英語辞書ないし英和辞書で、用例のすべてを読むのが一番だ。そうすれば、その言葉が射程とするおおよその範囲が理解でき、与えられている日本語が、その単語の氷山の一角でしかないことに気づくだろう。

同じように、和英辞典で日本語に対して与えられている英語も、その日本語がもつ意味内容のほんの一部でしかない。水面下に隠れている部分の意味で使われる場合に、翻訳者の工夫が問われることになる。

こうした守備範囲のちがいをもたらす要因は、大きく二つある。一つは言語構造のちがいであり、もう一つは文化的というか、生活習慣のちがいである。私は言語学そのものについてはまったくの素人なので、ひょっとしたらまちがっているかもしれないが、翻訳の実践者としては、言語構造のちがいは厄介である。

きわめて単純化していえば、西洋語は関係代名詞や挿入を使うことで、一つの文章で立体的な構造を描写できるが、日本語で同じことをしようと思えば、いくつかの単文にばらして、接続詞を使って、それを連ねていくしかないのである。その関係は単語にもおよんでいて、日本語の単語が空間や時間の断面を切り取ったものが多いのに対して、英語の単語には時間的あるいは空間的な厚みをもつ単語が多いような気がする。この関係がどこまで普遍化できるか確信はないが、それに起因する誤訳の具体例はあり、そのいくつかをとりあげてみた。

文化のちがいによる守備範囲の相違はつとに言われてきた。当たり前のことだが、物に名前をつけて区別するのは、区別することに意味があるからである。その意味が純粋に知的好奇心を満たすだけという場合もなくはないだろうが、ひろく一般に使われるためには、実用的な意味がなければならない。牧畜を基本とする人々が家畜の微細なちがいを区別する単語をもち、漁労を基本とする人々が豊かな魚の名前をもつのはそのためである。

たとえば、日本語では年齢・性別を問わずに、すべて「馬」なのに、英語では詳細な区別がある。総称が horse なのは誰でも知っているが、雌成馬は mare、雄成馬は stallion、去勢された雄成馬は gelding と呼ばれる。gelding に対しては騸《せん》馬という漢字名がある。子ウマは一歳未満のものは foal（競馬用語では当歳馬、北海道地方の方言では「とねっこ」）、一歳馬は yearling、四歳（英国では五歳）未満の雄は colt、雌は filly と呼ばれる。ほかに種馬の sire や母馬の dam というのまである。なお肩高一四七センチメートル以下の小型種は pony と呼ばれる。こうしたウマの多様な名称は英語だけの話ではなく、馬が生活の中心を占めるモンゴル語にも同じような区別があり、こちらでは一歳、二歳、三歳、四歳それぞれにちがう名前があるそうだ。

これに対して日本で出世魚の一つで、食卓でおなじみのブリには、成長の程度に応じた多数の呼び名が区別されている。関東と関西で異なるのだが、ブリを重用する関西風でいけば、稚魚のモジャコからはじまって、ツバス（関東ではワカシ）、ハマチ（関東ではイナダ。ただし最近では養殖ブリをハマチと呼ぶことが多い）、メジロ（関東ではワラサ）、ブリと呼び分けられる。ところが英語では yellowtail の一語しかなく、おまけに、これはブリだけでなく、ヒラマサや、その他の尾の黄色いアジ、カレイ、スズメダイの種にも適用される。ただし、すしネタのハマチには Japanese amberjack という特別な呼び名がある。ちなみに amberjack はブリ属の総称である。

ブリだけでなく、一般に英語では魚の名前が絶対的に少ない。キリスト教圏の多く、とくに英国では、魚は肉料理が禁じられている金曜日くらいしか食べなかった。英国で魚料理といえば「フィッシュ・アンド・チップス」がまず思い浮かぶ。これはタラやカレイ、ヒラメなど白身魚のフライにジャガイモの唐揚げを添えたものである。ほかに魚料理といえば、ニシンなどの薫製やサーディン類、そしてサーモンのソティといったところで、日本のように、刺身、焼き物、煮物、吸い物、揚げ物、干物やみそ漬けといった微妙な食べ分けをするわけではないので、魚の種類などほとんど問題にならない。それこそ、白身魚と青魚が区別できればいいのである。そのかわり、肉はいろいろの料理の仕方があり、材料の違いは重要である。

日本語ではどんな動物でも「肉」の一言ですみ、魚にさえ肉（身というのがふつうだが）という言葉が使われることがある。これに対して、英語ではそれぞれの動物ごとに名前が異なる。牛肉（beef 子牛肉は veal）、豚肉（pork）、羊肉（mutton 子羊肉は lamb）、鶏肉（chicken）、鴨肉（duck）、鹿肉（venison）といったところだが、馬肉はあまりおおっぴらには食べないようで、特別な言葉がなく、単に horsemeat あるいは horseflesh と呼ばれる。家畜の種類だけでなく、肉の各部位にも、サーロイン（sirloin）、ヒレ（fillet）、リブ（rib）をはじめとして細かな呼び名がある。日本の魚では、たとえばマグロに、赤身、大トロ、中トロ、ホホ、エンガワ、カマなどの区別がある。

こうした個別名称による区分けの濃淡は文化的なもので、生活習慣に依存するところが大きい。狩猟生活者は獲物とする動物の習性や名前を熟知しており、すぐれた漁師は魚群の生態によく通じ、種ごとの産卵場所や回遊路を知っている。それが語彙に反映してくるだけのことなのだ。この語彙のちがいをあまり過大に捉えて、「イヌイット語には雪に関する語彙が一〇〇もある」という法螺話をもとに、言語が思考を決定するといった大袈裟なことは言わないほうがいいだろう。こういう語彙は簡単に変わるもので、現代の日本の若者の多くは、焼き肉の細かな部位の名称はよく知っているのに、サバとサンマの区別さえつかなかったりする。だからといって、彼らの思考が格別、西洋人風になったわけでもないのだ。要は生活上の便宜によって語彙が左右されるということにすぎないのである。

日本語を習う外国人にとって、いちばんむずかしいのは、数詞と敬語だという話を聞いたことがあるが、日本語では、相手との関係で使う言葉を変えなければならない。一人称代名詞も二人称代名詞も相手によってまるで変わってくる。英文では、現代文ならすべて、I と you ですむ。和訳の際には、これをどう訳すかがむずかしい。日本語の一人称は、文学や映画でごくふつうに使われるものだけでも、「わたし」「あたい」「わたくし」「わし」「わて」「あて」「うち」「おれ」「おら」「おいどん」「僕」「自分」（大阪弁では二人称にも使われるのでややこしい）、ちょっと古いところでは「拙者」「わちき」「それがし」「我が輩」「吾人」、文語では、「当方」「小生」「本職」「本官」といったところが思い浮かぶ。その言葉によって、話し手の性別、年齢、職業、教養が、おおよそ見当がついてしまう。二人称代名詞も同じことで、「あなた」「きみ」「そちら」「おたく」「ご主人」「奥さん」をはじめ無数にある。

英語では話し手の属性が明確でなくとも I と you ですますことができるが、日本語にするときには、どれかを選択しなければならない。男とわかっていれば男言葉が必要だし、目上にしゃべっているときには、丁寧な敬語を使う必要がある。

自然科学書の場合は文芸書のように、その使い分けに神経を使うような場面はそうないが、私がいつも悩むのが、一人称複数代名詞、つまり we を「私たち」とするべきか「われわれ」とすべきかである。私は「私たち」とすることが多いのだが、すこしでも柔らかい感じにしたいという思いからである。そのかわり、「われわれ」に比べてすこし間の抜けた感じになるのはやむをえない。どちらも一長一短で困るのだが、これも日本語の特殊性のゆえである。

逆に日本文学を英訳するときには、こうした微妙なニュアンスのちがいを、代名詞以外のもので表現しなければならないという難しさがある。いずれにせよ、異文化翻訳は、完全には伝えきれない誤差が含まれるという宿命から逃れることはできないのだろう。

厄介な翻訳語／目次

はじめに　3

1章　衣食足りて礼節を知る　13
トウモロコシ corn／ハーブ herb／スナックエンドウ snap pea
チョウセンアザミ artichoke／タケの新芽 bamboo shoot／スズキ perch
シシャモ capelin／エボシガイ goose barnacle／ドンゴロス dungaree

2章　ウシに引かれて動物詣　45
ウシゾウ cow elephant／子グマ cub／動物王国 animal kingdom
ハンター hunter／キメラ chimera／ツチオオカミ aardwolf
ヨウスコウワニ Chinese alligator

3章　雉も鳴かずば撃たれまい　71
白鳥の歌 swan song／ネコマネドリ catbird／大鴉 raven
野生のガチョウ wild goose／隼狩り falconry／象鳥 elephant bird

4章　一寸の虫にも五分の魂　95
ミミズ worm／ニンフ nymph／ウマバエ horse fly／ジガバチ wasp
ウミウサギ sea hare／遺存種 relict

5章　智に働けば角が立つ　117
自然の経済 economy of nature ／エコロジー ecology ／生物学 biology
胎生学 embryology ／有機体 organism ／アナロジー analogy

6章　情に棹させば流される　139
交尾行動 mating behavior ／再生産 reproduction ／胸 breast
チーズケーキ cheesecake ／飛行距離 flight distance
冷血動物 cold-blooded animal ／市民戦争 civil war

7章　意地を通せば窮屈だ　161
彼には背骨がある he has a backbone ／狩りをする男 Man the hunter
特発性骨折 spontaneous fracture ／重要人物 significant figure
彼は病人だ he is patient ／翼幅 wing span

8章　人の世はすみにくい　183
刑事 detective ／夜間用時計 night watch ／人口 population
野菜状態 vegetative state ／エンジニア engineer ／砂漠の島 desert island

弁解がましいあとがき　205
参考文献 ／ 索　引 ／ 著者紹介

1章　衣食足りて礼節を知る

日本では、「衣食足りて礼節を知る」という格言がよく知られているが、中国の原典とは少し異なる。原典は紀元前七世紀の管仲の作とされる『管子』(成立年代は不詳)にある。そこでは、「倉廩《そうりん》実ちて則ち礼節を知り、衣食足りて則ち栄辱を知る」となっている。つまり、日本語では二文を縮めて一文にしているのである。

人間は動物であることの宿命として、他の生物を食べなければ生きていけない。人類にとって、食物はほかのどんなことよりも大切である。実際、この地球上で、人類が他のあらゆる動物を押しのけて、これほどまでには繁栄することができるようになったのは、家畜栽培化を通じて、大幅な食糧増産に成功したからだった。歴史の転回点には、嗜好品を含めて食べ物がしばしばかかわっていた。大航海時代をもたらしたのは、コショウの獲得を目指すヨーロッパ人の欲望であり、アメリカの独立戦争の引き金となったのは紅茶の輸入関税問題だった。

食べ物は日常生活の中心にあるものだから、食物に関する語彙はそれぞれの文化や生活習慣を色濃く反映している。家畜については別の章で論じるので、ここでは、野菜、穀物、および海産物を中心に、身近な食べ物についての思い違いや、語彙の差がもたらす誤訳の例をいくつか取り上げてみたい。

トウモロコシ　corn

北米やオーストラリアの英語では、corn といえばトウモロコシか、そうでなければサトウキビ（sweet corn）のことだが、英国ではそうではない。作物としてのトウモロコシ（*Zea mays*）はそもそも中南米の原産であり、ヨーロッパに伝わるのは、一五世紀の大航海時代になってからのことである。存在しないものを指す言葉があるわけもなく corn の語源は grain と同じ意味をもつギリシア語の korn で、穀物を指した。英国では corn は、それぞれの土地の主要な穀物の意味で使われるのがふつうで、イングランドではコムギ、スコットランドやアイルランドではカラスムギを指す場合が多い。さしずめ中国や日本ではコメが corn ということになるだろう。英国であえてトウモロコシだと言いたいときには maize を使う。

英国には corn を使った慣用句がたくさんあり、トウモロコシと勘違いしないよう注意しなければならない。Up corn, down horn は「穀物の値が高騰すると、牛肉の値が下がる」という英国独特の諺だが、日本でも通用するような一般的な諺にもしばしば corn が使われている。たとえば「人事を尽くして天命をまつ」（Who sows his corn in the field trusts in God）、「実るほど頭を垂れる稲穂かな」（The heaviest ear of corn bends lowest）、「取らぬ狸の皮算用」（Sparrows fight for corn which is none of their own）といった具合である。

穀物の栽培は人類文明が発展するための前提条件だった。それまでの狩猟採集生活では、大きな人口を養うだけの食糧を恒常的に確保することはできなかったが、野生品種からの穀物の栽培化を通じてはじめて、人口の集中、増大が可能になり、余剰生産によって階級的な分化が起こったのである。四大古代文明のうちメソポタミア、エジプト、インダスの三つを支えたのはコムギ（wheat）とオオムギ（barley）だった。コムギの原型は一粒系（二倍体）で、その栽培は紀元前八〇〇〇年頃にカフカスからメソポタミアにかけての地方で始まったとされ、そこから東西にひろまった。現在世界でもっともひろく栽培されているパンコムギなどの普通系コムギは、二倍体のタルホコムギなどの数種の野生種、栽培種の交雑と染色体の倍加によってできた六倍体で、紀元前五〇〇〇年頃のメソポタミア起源であったと考えられている。

オオムギもやはりイラクあたりの中央アジアで、紀元前八〇〇〇年前後に、野生種（二条オオムギ）から栽培化されたもので、のちに突然変異を利用して三倍の種子をつける六条オオムギが作出されたと考えられている。

トウモロコシは中南米の文明を支えた穀物で、中米では少なくとも紀元前三〇〇〇年、アンデス地方では紀元前一〇〇〇年には栽培化が始まっていたようである。原種については確定した説はないが、現地人がテオシンテ（teosinte）と呼んでいるブタモロコシ（*Zea mays mexicana*）に近いものであった可能性が高い。一〇世紀頃までユカタン半島で栄えたマヤ文明も、スペイン人によって滅ぼされるまでメキシコ中部で栄えたアステカ文明も、さらには、一五世紀に中央アンデス一帯をほぼ統一したインカ帝国も、すべてトウモロコシを主要穀物としていた。maize の名は現地人の発音をそのまま綴ったスペイン語maizに由来するものである。

　そのmaizeがcornになった背景には、アメリカ開拓時代の入植者の歴史がある。一七世紀に現ヴァージニア州のジェームズタウンや現マサチューセッツ州のプリマスに最初に入植したイギリス人たちは食糧の不足で、半数以上が死ぬという悲劇に見舞われた。飢えをしのぐために、彼らは先住民から穀物（トウモロコシ）を貰い、あるいは貯蔵庫から略奪した。のちに、近隣の友好的な先住民部族からその穀物の栽培法（インゲンと一緒に植えるといいことなど）を学んで苦難の時期を切り抜けることができた。言ってみれば、初期の入植者たちは、トウモロコシによって命を救われたのだ。なのに、彼らは後に多くのアメリカ先住民を虐殺した。衣食足りても礼節を知らないと誹られても仕方ないだろう。やがてトウモロコシは、最初は米国南部、のちには中西部における主要栽培植物となった。当初入植者たちは、この穀物をIndian corn（インディアンの穀物）と呼んでいたが、いつのまにかIndianが省かれるようになった。そして米国が世界最大の生産国・輸出国になるとともに、トウモロコシをcornとする呼び方が世界にひろまっていったのである。

　一四九二年にコロンブスの探検隊がスペインにトウモロコシを持ち帰ってのち、一六～一七世紀にはヨーロッパ全域にひろまり、ポルトガル人によって一六世紀のあいだに、インド、東南アジア、中国に伝わった。日本には一五七九（天正七）年に伝わったとされている。呼び方は、最初は外来作物であることを示す唐黍《とうきび》ないし南蛮黍《なんばんきび》で、のちに玉蜀黍《とうもろこし》になったようである。『日葡辞書』（一六一〇年）には、Toquibi（唐黍）だけが載っており、『和漢三才図絵』（一七一五年）には「玉蜀黍は古《いにしえ》はこれ有らず 蛮船将来す 因みて南蛮黍と称す」とある。また菊岡沾涼《きくおかせんりょう》が享保年間（一七一六〜三五年）に書いた『近代世事談』には「玉蜀黍《ナンバンキビ》天正ノハジメ蛮船モチキタル 関東ニテハ唐《タウ》もろこしト云フ」とあるし、江戸時代の方言集である越谷吾山の『物類呼称』（一七七五年）には、「玉蜀黍、畿内にて、なんばんきび、又菓子きびと云ふ。伊勢にて、はちぼく、西国及び常陸、或は越前にて、たうきびと云ふ。東国にて、たうもろこし、遠州にて、なんばんたうのきびと云ふ。奥州より越後辺にて、まめきびとも、又くはしきびともいふ。奥の南部にて、きみといふ（此所にては、常の黍をばもろこしといふ）。備前にて、さつまきび、因幡にて、たかきびといふ」とある。これらの記述からトウモロコシが長崎からしだいに北上し、呼び名を変えつつ東日本に伝わった様子がわかる。ただし、これらのトウモロコシはフリント種と呼ばれる飼料用の品種で、大規模な生産にはいたらなかったようである。

　トウモロコシが日本で本格的に栽培されるのは明治初年の北海道においてであった。開拓使によってスイートコーンやデントコーンなどの新しい品種がもたらされ、それが北海道の広い大地での大規模生産に適したというわけなのだ。

ハーブ　herb

いまやすっかり日本語として定着したが、この単語の一つの意味は、イネ科の細長い葉っぱ（grass）に対して、幅広い葉っぱをもつ草本植物（herbaceous plant）というものであり、そうした葉っぱそのものもherbと呼ばれる。

現在、日本語でハーブと呼ばれるものは、それとは異なるherbの第二の用法で、におい、味、薬効などが好まれて栽培・利用される草本を指すもので、あえて日本語にするとすれば「薬草」「香草」あたりがふさわしいのではないかと思う。本来の語義からすれば草本植物の葉だけを指すはずなのだが、現在では、バラ、ローズマリー、ローリエなど、木本植物の葉（leaf）もハーブとされる。余談ではあるが英語ではハーブと発音されるが、米語ではアーブになるので、気をつけてほしい。herbは「葉っぱ」なので、マリファナを指すスラングとして使われることもある。

語源はラテン語のヘルバ（herba）で、これはイネ科を含めた草や植物全般を指すものであった。それが、どのようにして「薬草」に近い意味をもつようになったのだろうか。洋の東西を問わず、古代の医学は呪術師や聖職者がおこなう、たぶんに迷信的なものであったが、そのなかで実際的な治療効果をもっていたのが各種の薬草であった。近年、チンパンジーやゴリラでも、病気に罹った個体が食べる薬草の存在が明らかになっている。ましてや人間である。太古から人類が、さまざまな植物を薬として利用し、その知識を伝承していったことは疑いなく、それが実際に洋の東西において、本草学の形成をもたらしたのである。

漢字の「薬」は草冠に楽と書くが、これは「病を治す草」という意味である（「楽」には癒すという意味がある）。したがって、薬に関する知識は植物に関する知識にほかならず、薬に関する知識の体系は中国や日本では「本草学」と呼ばれることになる。そして、本草知識を集成した書物が「本草書」である。

西洋でも事情は同じことで、ながらく西洋薬学および医学の必読文献であったディオスコリデスの『薬物誌（De material medica）』（一世紀）全五巻には、約六〇〇種の薬物が取り上げられているが、そのうち約五四〇種が植物で、それぞれの植物の薬効だけでなく、植物そのものの形態についてもくわしく記載されている。中世の西欧の僧院は魂だけでなく肉体の救済にもかかわり、医者や薬屋の役割も果たしていたので、庭に薬草園（herbary）をもち、『薬物誌』あるいはその注釈書の写本を所蔵していた。西洋では「本草書」のことをherbalと呼ぶが、これは中世ラテン語のliber herbalisに由来するもので、「薬草の本」という意味である。herbalは中世から近世を通じて、薬物学の本としてだけでなく、植物図鑑としても利用された。

一五世紀に入ってグーテンベルクによる印刷術の発明以降、多数のherbalが出版され、それらが近代的な分類学の黎明を告げることになる。そうしたherbalのなかで、英国でもっとも有名なのがジョン・ジェラード（一五四五－一六一二）が一五七九年に出版した『本草誌』（The Herbal or General History of Plants）で、英国の植物に関する一般書には必ずといっていいほど引用される。

「くさ」は「艸」が正字であるにもかかわらず、もとはトチの実を表す漢字であった「草」が誤用され、定着してしまったとされている。それはともかく、日本語の「草」はふつう木本に対する草本、硬い幹をもたない植物のことを指すので、herb と grass の両方を含んでいる。いうまでもないが、植物の木本、草本の区別は生活型のちがいであって、分類学的には重要でない。同じ科のなかに木本と草本が共存するグループはたくさんある。ただし grass の代表ともいえるイネ科は、タケ亜科（タケ科として別にする意見もある）を除けば、すべて草本である。イネ科の草本は人類の食糧源である穀類を含むだけでなく、草原を構成して、世界の多くの地域で草食獣の食物を提供している。

日本語の「草」は日常語として、他にもさまざまな意味で使われるが、「草取り」のように、雑草（weed）という意味でも使われることに注意しなければならない。雑草というのは人間のまったく手前勝手な呼び名で、農地や宅地に人間の意に反して繁殖する植物はなんでも雑草ということになる。日本人が食物として利用する各種の海藻類が欧米人にとって無価値なものなので、seaweed と呼ばれるという事実は、こうした価値観のちがいを表している。

スナックエンドウ　snap pea

最近スーパーなどでよく見かけるようになったこの豆は、莢《さや》ごと食べられるエンドウの一品種である。軽く茹でて、酒のつまみになるところから、巷ではスナックエンドウという言い方も流布しているようだが、スナップが正しく、一九八三年に農林水産省がスナップエンドウを正式名称として定めている。ちなみに snack pea というのは、エンドウ豆スナック、煎ったり揚げたりした豆菓子のことである。

日本語で「まめ」といえば、狭義にはマメ目の植物の果実を指すが、広義にはコーヒーやカカオの果実についても豆という言葉が使われる。問題は英語では、豆に対して pea と bean という二種類の言葉があることである。豆類を総称する pulse という言い方もあるが、あまり日常的には使われない（ときに nut も豆と呼ばれることがある）。

pea はマメ科エンドウ属（*Pisum*）の属名に由来するもので、本来は peas が単数形（複数形は peason）だったのだが、最後の s が複数形の語尾と混同されて pea になったということのようである。名前の由来から明らかなように、これは主としてエンドウ属の小さな豆に適用されるが、別属のヒヨコマメ（chick pea）や、落花生（pea nut あるいは goober pea）でも pea が使われることがある。

エンドウ属の代表種はもちろんエンドウ（*Pisum sativum*）で、英語では garden pea と呼ばれることが多い。これはメソポタミアから地中海地方の原産で、麦作農耕の発祥とほぼ同時期に栽培化された。豆として食べると同時に、マメ科の空中窒素固定能力が田畑の栄養源として利用されたのである。食べ方に応じてさまざまな品種があるが、莢の硬い品種と莢の柔らかい品種に大別される。莢の硬い品種では、完熟した豆を乾燥させて利用し、日本では、煮豆、餡《あん》、あるいは蜜豆に入れるゆで豆として、西欧ではスープに入れて煮込んだりする。莢の柔らかい品種では、まだ熟さないうちに豆をグリーンピース（green peas）として利用したり、莢に入ったままで食べたりする。

莢ごと食べられるエンドウとしては、スナップエンドウのほかにサヤエンドウがあり、サヤエンドウは莢がほっそりしているのに対して、スナップエンドウはふっくらとしている点が異なる。サヤエンドウは、英語でふつう snow pea と呼ばれるが、なぜか snap bean とも呼ばれる。これはたぶん、同じように莢ごと食べるサヤインゲンの英語がそのまま転用されたものだろう。

生物学とのからみで、どうしても述べておかなければならないのは、メンデルの有名な遺伝法則が、エンドウでおこなわれたことだ。メンデルはブルノの修道院長で、自分の修道院の庭でエンドウを栽培して遺伝実験をおこなったのである。

bean のほうは、エンドウ類を除くほとんどの豆類に使われる。インゲンマメ（*Phaseolus vulgaris*）は英語で common bean または french bean、あるいは豆の形が腎臓に似ていることから kidney bean と呼ばれる。現在ではただ bean と言えばインゲンマメを指す場合が多い。

インゲンマメはアメリカ大陸原産で、コロンブスの時代にヨーロッパに伝わったものだから、それ以前の西欧には存在しなかった。それゆえ、古典文献の bean をインゲンマメと訳すのはまちがいである。インゲンマメは、トウモロコシ、カボチャとならんで、アメリカ先住民の三大食物資源で、少なくとも紀元前三〇〇〇年にはメキシコ周辺で栽培化されていた。

一六世紀の末にヨーロッパから中国に伝わり、一七世紀に明から隠元《いんげん》禅師が日本に伝えたところからインゲンマメと呼ばれるようになったとされる（実際に伝えたのはフジマメ *Lablab purpureus* だという説もある）。莢ごと食べるサヤインゲン（snap bean のほかに green bean という言い方もある）は別にして、完熟した種子は、日本では煮豆や甘納豆、菓子餡として利用されている。西欧では白インゲンが煮込み料理に使われる。

西洋の古典に出てくる bean はソラマメ（*Vicia faba*）のことで、現代英語では broad bean または fava bean と呼ばれる。古代ギリシアやローマでは、投票にソラマメの実が用いられ、賛成者は白い豆、反対者は黒い豆を投じたとされる。ソラマメはインドから北アフリカにかけてが原産地とされ、紀元前五〇〇〇年あたりに地中海地方で栽培化され、古くから世界各地で重要な作物とされてきた。現在でも中東地域の料理には欠くことのできない食材で、ファラフェルやターメイヤ（どちらも豆入りコロッケ）など、ソラマメ料理は多い。日本へは八世紀頃に伝来したといわれている。豆は煮ても、焼いても、煎っても食べられる。

日本では豆といえば、まず、ダイズとアズキが思い浮かぶが、どちらも東アジアの原産である。

ヨーロッパに伝わったのは最近で、それぞれの英名 soybean（または soya bean）と azuki bean が、そのことを物語っている。ダイズは中国東北部からシベリアあたりが原産地で、紀元前四〇〇〇年あたりに栽培化されたと考えられ、ヨーロッパには一八世紀（ケンペルが醤油の原料として紹介し、英名はそれによるとされている）に、米国には一九世紀初めに伝わったとされる。

ダイズ（*Glycine max*）はきわめて利用価値が高く、芽や未成熟のものをモヤシや枝豆として食べることができ、熟した豆は煮豆や粉にするだけでなく、発酵させて醤油、味噌、納豆、豆乳を加工して、豆腐、湯葉、油揚げなど、日本の食文化にとって不可欠な食材であるが、現在ほとんどを輸入に頼っているのは悲しい現実である。アズキ（*Vigna angularis*）も東アジアの原産で、日本では縄文時代から栽培されている。赤飯に使われるほか、甘味食材としてきわめて貴重であるが、生産が天候に左右され、商品先物取引の対象になっていて、価格が年によって大きく変動するため、「赤いダイヤ」と呼ばれることがある。

豆に関する童話として、もっともよく知られているのは、「ジャックと豆の木」だろうが、この豆はどういう豆なのか、かねてから気になっているのだが、よくわからない。英語の原題は Jack and beanstalk なので、エンドウではありえない。物語そのものは一九世紀の初めに英国で成立したものなので、インゲンマメでもソラマメでもありえるが、人間が登れるような巨木にはならない。寓話なのだから、あまり詮索するのは無粋かもしれないが、ひょっとしたら、これは地中海原産のイナゴマメではないかと思われる。なぜなら、この物語の表題を Jack and beantreeとしているものがあり、イナゴマメこそ、マメ科の巨木であり、bean-treeと呼ばれる植物の一つだからである。イナゴマメという和名は英名のlocust beanの直訳で、前著で述べたイナゴの誤訳の応用編である。

日本で「ジャックと豆の木」またはオーストラリアンビーンズと称して売られている観葉植物は、英名がAustralian chestnut、学名が*Castanospermum autrale*というオーストラリア特産のマメ科の植物で、これも高木になる。英名をJack beanという作物もあり、これは中南米原産のタチナタマメ（*Canavalia ensiformis*）のことである。和名や英名から、これらが童話の豆の本のモデルだと勘違いしている人がいるが、そうではない。

チョウセンアザミ　artichoke

翻訳語が生き物だと実感させられるのは、それまで聞いたこともないようなカタカナ語が日常生活に入り込んだときである。現在なら、このキク科の食用アザミはアーティチョークと呼んだ方がわかりやすい。昔、翻訳者がslipperをどう訳すかで思い悩んだという話を読んだことがある。昭和の初期に「上履き」や「室内履き」などと訳しても実物を知らない読者に果たして伝わったかどうか。しかし、いまなら、ためらうことなくスリッパと訳すことができる。どんな家庭にもスリッパが見られるようになったからだ。

チョウセンアザミ（*Cynara scolymus*）に話を戻せば、これは西ヨーロッパ原産で、古典時代から知られていたようである。しかし、古代ギリシアやローマにおける食用アザミが、アーティチョークと同じであるかどうかは不明で、ヨハン・ベックは『西洋事物起原』でこの植物に一項を割いて、その起原をたどっている。それによれば、確かなことはわからないが、現在アーティチョークと呼ばれるような栽培品種は一五世紀のイタリアでつくられたようである。なお、ギリシア時代の食用アザミの一種カルドンの kakutos がラテン語化されて cactus となり、これが棘の多い植物であったことから、サボテンの英名に転用されたという。

日本へは、江戸中期に伝わったようだが、このチョウセンアザミという和名のチョウセンには特別な意味はなく、外来の植物であることを示すための接頭辞にすぎなかったようである。磯野直秀氏が「博物学史覚え書」で紹介している享保二〇（一七三五）年刊の『草木弄葩《ろうは》抄』の「あざみ（薊）」の項に、「天竺あざみといふものあり、朝鮮あざみともいふ」という記述があるので、あるいは最初は天竺あざみと呼ばれていたのかもしれない。いずれにせよ不適切な和名なので、故團伊玖磨氏は「ショクヨウアザミ」という和名を提案していて、私も賛成だが、いまではもうアーティチョークでいいのかもしれない。

同じように、食材としてカタカナ語が流布してしまったために、訳語を変えなければならない例として、コエンドロ（英名 coriander）がある。近頃では食材としてコリアンダーと呼ばれることが多いからである。学名は *Coriandrum sativum* で、セリ科に属し、英名は、この草がカメムシに似た強いにおいをもつところから、古典ギリシア語でカメムシを意味する koriannon に由来する（ここからカメムシソウという和名もあるが、あまり使われない）。コエンドロは地中海周辺地域の原産であるが、古くから世界中に伝わっていたようである。

張騫《ちょうけん》が紀元前一世紀に西域地方から漢にもちかえったものの一つに「胡菜」があり、のちに胡の字を嫌って「香菜」に変わったと伝えられる。日本には平安時代に伝わり、源順《みなもとのしたごう》は『倭名類聚抄』（九三一年）で「胡菜」に和名「古似之《こにし》」を当てている。これは「香菜」の字音「コヌスイ」から転じたものとされる。しかし独特の香りが日本人には受け入れられず、普及しなかった。コエンドロの名は江戸期の再移入のときにできたもののようで、小野蘭山の『本草綱目啓蒙』（一八〇六年）に「コニシ、コエンドロ蛮語コリアンデルノ転ナリ」とある。

ツタンカーメン王の墓からもコエンドロの果実（分果）が見つかっているし、聖書の『出エジプト記』の第一六章三一節に、「イスラエルの家では、それをマナと名づけた。それは、コエンドロの種に似て白く、蜜の入ったウェファースのような味がした」という記載があるので、相当に古くから知られていたことがわかる。

食材としてはハーブに属し、葉や果実を薬味あるいはスパイスとして使うのが一般的で、昨今のエスニック料理ブームで、食料品店にコリアンダーが並んでいる。しかし、困ったことに、東南アジアから東アジアにかけては、食材として重要な地位を占めているために、それぞれの国で固有の呼び方がある。中国料理ではふつう香菜《シアンツァイ》と呼ばれる。タイではパクチーと呼ばれて、トムヤンクンなどの薬味になる。ベトナムではザウムイと呼ばれるようだ。カレーの本場インドではコリアンダーあるいはダニヤーの名で通り、基本的なスパイスの一つである。日本で「中国パセリ」と称して売られているものも本種である。

タケの新芽　bamboo shoot

いうまでもなく、これはタケノコのことである。タケの類は主として東アジアと東南アジア、そしてアフリカにしか分布しないので、タケノコを食べる文化はアジアにしかない。動物ではジャイアントパンダとレッサーパンダがタケの茎や葉を食べることで有名だが、タケノコを常食としているものは珍しい。アフリカのタケ（バンブー類といって、地下茎が横に這わず、株立ちになる点でアジアのタケとは多少異なる）については、マウンテンゴリラやマダガスカル島のジェントルキツネザル類（bamboo lemur）がタケノコを常食にしていることが知られている。もちろん、柔らかい植物質ならなんでも食べる野生動物、たとえばイノシシ、シカ、ニホンカモシカなどがタケノコを見つければ食べるのは当然で、タケノコ農家は、こうした野生動物からの食害を防ぐのに、頭を悩ませている。

ところで、問題は shoot である。ふつうは新芽と訳される。もともとは矢を射たり、銃を撃ったりするという動詞 shoot から来ていて、サッカーのシュートも同じ語源である。転じて、急速な動きを表す言葉となり、この shoot は、新芽がものすごい勢いで成長するさまをたとえたものだろう。新芽といえばスプラウト（sprout）という別の単語が使われることが多く、実際にタケノコのことを bamboo sprout と書いている本も少なくない。

日本人が好きな春の野菜タラの芽は fatsia sprout、蕗《ふき》のとうは butterbur sprout だし、西洋料理で使われる芽キャベツは brussels sprout である。最近ではカタカナのスプラウトが料理用語として使われるようになった。もっとも代表的なスプラウトはモヤシで、豆モヤシ（bean sprout）は、中国で五〇〇〇年の歴史をもつ食材である。もうひとつよく知られたスプラウトは、カイワレ大根で、こちらはなぜか英語では white radish shoot と呼ばれる。

この植物の shoot という単語が悩ましい理由の一つは、表しているのが新芽とはかぎらず、若枝や若木を指している場合もあることだ。しかし、もっと厄介なのは、植物学用語として、「苗条」ないし「シュート」と訳される特別な意味をもっていることである。この用語は、植物の茎・

葉・根という三つの器官の関係を表すもので、茎と葉が根とは起原を異にするものであることを強調するために、葉と茎をひっくるめて shoot と呼ぶのである。したがって、植物がらみの本で shoot がでてくれば、以上のようなさまざまな意味のうちのどれを指しているかを、よくよく考えてから訳さなければならないのである。

これとよく似た概念に芽（bud）がある。日常用語としては、shoot や sprout とあまり区別されないが、植物学的には、未発育の shoot を指し、茎の成長点とその周囲の若い葉をひっくるめていう。葉が生えてくるのが葉芽、花が開くのが花芽であるが、花芽については日本語に蕾《つぼみ》という美しい言葉がある。

スズキ　perch

英米文学で、スズキあるいはカワスズキを釣るという表現を見かけることがよくある。これは perch のことで、ふつうの英和辞書には、「スズキ類の食用淡水魚」といった語義が載っている。『和英語林集成』においてすでに、鱸《スズキ》に対して「a species of perch」とあるし、かの森秀人訳の『釣魚大全』でも鱸と訳されているので、文学者がスズキと訳すのも無理からぬことである。しかし、これはパーチとしておくのが正しいだろう。そもそもperchは単一の種ではないし、分類は科のレベルでちがっている（スズキ目の科の分類は目下大混乱をしているようなので、将来どう変わるかはわからないが、とりあえず現在パーチはペルカ科、スズキはスズキ科に属する）。世界の魚類の三分の一以上、日本産魚類なら半分近くがスズキ目の魚であるから、「スズキ類の食用淡水魚」という言い方は何も言っていないも同然で、食用淡水魚であることしかわからない。

哺乳類には詳しい名前がついているのに、魚となれば驚くほど語彙が少ないのが、日本語と比べての西洋語の特徴で、perchもご多分にもれず、多様な魚に使われている。もっとも狭い意味では、ペルカ属（*perca*）の三種、すなわち、ヨーロピアンパーチ（ふつうの和名の付け方からすれば、ヨーロッパパーチとするべきだろうが、釣り人のあいだでは、こちらの表記が通用しているのでやむをえず使う）と、北アメリカに生息するイエローパーチ、およびカザフスタン、ウズベキスタン、中国に生息するバルハシパーチのことを指す。この狭義のパーチはすべて淡水産なので、沿岸と河川を行き来する日本のスズキとは生態が異なる。

ヨーロピアンパーチは、英国におけるもっともふつうのperchで、ヨーロッパとアジアに分布する。そして釣り好きの英国人によって、ニュージーランド、オーストラリア、および南アフリカなどに移植されている。perchはフランス語ではペルシェ（perche）になるが、日本語のフランス料理の本では、これを使った料理が「川スズキ料理」と訳されている（ついでにいうと日本では、河川に遡上したスズキを川スズキと呼ぶので、誤解を生みやすい）。フランス人にとって英語表記を強いられるのは納得がいかないかもしれないが、日本語訳ではパーチ料理とするのが適切だろう。

ところが厄介なことに、perch は、それ以外の外見の似た多数の魚にも使われていて、「○○○ perch」と呼ばれる魚は、アカメ科（giant perch）、タカサゴイシモチ科（glass perch）、スズキ科、ウミタナゴ科（surf perch）、ハタ科、アオバダイ科（pearl perch）、シマイサキ科（tiger perch）、サンフィッシュ科などの何十種にもおよぶ。最近の映画『ダーウィンの悪夢』で話題になったナイルパーチもその一つだ。

なんでそんなに多くの魚が perch と呼ばれるかについては、二つの大きな理由がある。第一は、そもそもスズキ目の正式な学名 *Perciformes* を直訳すればパーチ型の魚という意味なのである。言い換えれば、パーチが典型的な硬骨魚であるスズキ目の代表と考えられたということである。誰が最初にスズキ目という和名をつけたのか調べがついていないのだが、日本人にもっともなじみの深い名を使って、タイ目としてもよかったはずである。perch = スズキという誤った図式が目《もく》の和名に影響を与えた可能性がある。

いずれにせよ、似たような体型をした魚が数多くいるのは当然なので、魚名の語彙の乏しい英語で、そういった魚に「○○○perch」という呼び名がつくのは不思議ではない。これはちょうど日本で、少しでも姿がタイと似た魚であれば、類縁に関係なく、「○○ダイ」という名前が付けられる（三〇〇種以上いる）のと同じようなものである。

第二に、perch は欧米できわめて人気の高い釣り魚であり、しかも美味であることが知られており、代表的な panfish（小さいので、フライパンで丸揚げにして食する魚）として珍重される。そこで、それらしい魚にやたらに perch がつけられることになる。米国のレストランではタイセイヨウアカウオが ocean perch 、ロックバスが rock perch として出されたりするという。

それなら、日本産のスズキ（*Lateolabrax japonicus*）は英語でどう呼ばれるかといえば、Japanese sea bass または Japanese sea perch である。エッ、sea bass と sea perch が同じなの？ ブッラクバスのバス（bass）とパーチ（perch）が同じだというの？ じつは同じなのである。bass の語源は中世英語で perch を意味する bars であって、狭義には、bass は英国の perch すなわちヨーロピアンパーチのことなのである。ただし、bass も perch と同様に姿の似た多様な魚に用いられ、微妙な使い分けはあるものの、スズキのように両方の名で呼ばれるものも少なくない。そんなわけで、パーチをスズキと訳すのは、ブラックバスをスズキと呼ぶのに等しいのである。

フランス料理でスズキと訳されている魚の原語は bar で、これも bass のことだ。その正体は北大西洋沿岸に生息するヨーロピアンシーバス（*Dicetarchus labrax*）またはスポッティドシーバス（*D.puntatus*）である。生態も味もスズキによく似ているらしいので、スズキと訳すのも悪くはないのだろうが、厳密には別科の魚で、スズキよりも口が小さく、モノネ科とされている。

バスの代表としてもっともよく知られているのは、なんといってもブラックバス black bass だろう。ブラックバスというのも、一種の魚を指すのではなく、北米に生息するオオクチバス属（*Micropterus*）の八種の総称で、日本ではオオクチバス、コクチバス、フロリダバスの三種が外来種として全国的に分布している。釣り人の人気が高い一方で、在来種を圧迫するという理由で、駆除を主張する声も強い。

オオクチバス属はサンフィッシュ科に分類されるので、英語で sunfish と呼ばれることもある。これは先に説明した panfish からの転訛だという説が有力だが、ここにまた誤訳を生むもとがある。というのは、辞書で sunfish を引くと真っ先にマンボウが出てくるからで、翻訳小説に湖でマンボウを釣り上げたなどというトンデモない記述が登場してしまうことになる。淡水で sunfish 釣りの話がでてくれば、ブラックバスかブルーギルのことだと思わなければいけないのである。

シシャモ　capelin

この魚はグリーンランドとアイスランドのあいだのデンマーク海峡を中心に、北極海、オホーツク海、ベーリング海に生息するキュウリウオ科の魚で、標準和名はカラフトシシャモ（*Mallotus villosus*）である。ところが日本の市場ではながらくこれがシシャモの名で売られてきたので、こちらが本物だと思っている人も少なくない。本来の国産シシャモ（*Spirinchus lanceolatus*）は北海道南部の太平洋沿岸でしか獲れないもので、カラフトシシャモより鱗、口、目が大きくて、味も多少異なる。漢字で柳葉魚と書くが、シシャモの名はアイヌ語でヤナギの葉を意味する「スサム」に由来すると言われる。

一九七〇年以降、シシャモが乱獲によって激減したため、その代用魚として輸入されはじめ、しだいに人気が高まり、八〇年代には、「子持ちシシャモ」として日本全国に流通するようになる。それにつれ、シシャモ漁師などから、不当表示だという批判が起こり、二〇〇三年のＪＡＳ法（「農林物質の規格化及び品質表示の適正化に関する法律」）の改訂によって、capelin をシシャモと表示することが禁じられ、現在では、カラフトシシャモ、キャペリン、またはカペリンといった名前でしか流通させることができない。本稿では、以下キャペリンと呼ぶことにする。capelin の語源はコマイ型のタラを意味するフランス語 capelan で、古くはタラの仲間と考えられていたらしい（あるいはタラの餌になることからの混同かもしれない）。

キャペリンは春から夏にかけて、おびただしい数の群れをなして、浅瀬の産卵場を求めてデンマーク海峡周辺を遊動する。それを狙うタラ、クジラ、アザラシ、海鳥もこの海域に集まってくる。グリーンランド東岸にアマサリクという港があるが、これはグリーンランド・エスキモー（イヌイット）の言葉でキャペリンを指し、そこにすむ人々はアマサリミュートと呼ばれていた。アイスランドでもキャペリンはよく親しまれ、一〇クローナ硬貨の図案になっているほどである。またカナダのケベック州やニューファンドランド島では、浅瀬に産卵に訪れたキャペリンの群れをすくい取る慣行が夏の風物詩になっているという。

アイスランド、グリーンランド、およびカナダで採られたキャペリンは、日本向けの重要な輸出商品となっているが、輸出されるのは「子持ちシシャモ」としての雌だけで、雄は飼料や油を採るのに回される。北洋では、キャペリンそれ自体が重要な漁業資源であるだけでなく、タイセイヨウマダラの餌としても重要であるため、水産関係者によって慎重に管理されている。したがって輸入量も近年漸減している。

不当表示を禁じられたいわゆる「代用魚」はシシャモだけではない。有名なところでは、ギンムツの代用としてアルゼンチンなどから輸入されているマジェランアイナメ（*Dissostichus eleginoides*）がある。原産地のスペイン語ではMerluza negra、英語ではPatagonian toothfish と呼ばれる南極海の大型食用白身魚である。マジェランの名はパタゴニア地方のマゼラン海峡に由来するのだが、なぜかマジェランと表記される。この魚は市場ではメロの名で流通しているが、通りが悪いので、「銀ムツ」という名で出されることが多かった。しかし、二〇〇三年のＪＡＳ改訂以降は、標準和名またはメロとして売らなければならないことになった。ナイルパーチも一時期、「白スズキ」などと称してスズキの代用寿司ネタにされたことがある。もちろん現在では違法な表示とされる。

世界的な寿司ブームで、いろんな国で「スシ」が食べられるようになっているらしいが、外国では、tuna の代用にアブラソコムツが出されるということも希にあったと報じられている。tuna はふつうマグロのはずで、すしネタの王様「トロ」は、英語では fatty tuna、「脂身のマグロ」という。この tuna がツナ缶のツナと同じだといえば、驚く人もいるはずだ。

日本語のマグロは、マグロ属（*Thunnus*）の総称で、クロマグロ、タイセイヨウクロマグロ、ミナミマグロ、メバチ、ビンナガ、キハダ、コシナガ、タイセイヨウマグロの八種が含まれる。高級な寿司店では、最初の三種しかマグロと認めないが、安い回転寿司店などでは、ほかのものもすべてマグロと称して売られている。八種のうち、タイセイヨウクロマグロ、ミナミマグロ、メバチ、ビンナガ、キハダは国際自然保護連盟の絶滅危惧種のレッド・リストに入っているように、このところ個体数が激減しており、とくに地中海のタイセイヨウクロマグロはそう遠くない将来に全面禁漁になる可能性がある。

一方、英語の tuna は、マグロ族五属の総称で、マグロ属以外に、カツオ属、ソウダガツオ属などが含まれる。したがって外国の寿司屋で tuna を注文してカツオが出てきても文句は言えないのである。いわゆるツナ缶の中身は、おもにビンナガ、キハダ、カツオの油漬けの肉からできている。ちなみに「シーチキン」というのは味が鶏肉に似ていることから付けられた登録商品名である。

エボシガイ　goose barnacle

スペイン語で、ペルセベ percebe と呼ばれる海の生物がいる。たまたまテレビで海外ニュースを見ていたときに、スペインのガリシア地方のある港町でのペルセベ祭りのことが報道されていたのだが、吹き替えのアナウンサーは、これをエボシガイと呼んでいた。岩礁に固着している貝のような生き物は、私にはどう見てもカメノテにしか見えなかったので調べてみると、やはりペルセベはカメノテだった。ペルセベは、「親指」のラテン語 pollicis と「足」のラテン語 pes を合わせてつくられたカメノテ属の学名 *Pollicipes* に由来するもので、柄と殻の外見を「親指のついた足」に見立てた属名である。

カメノテはスペインやポルトガルでは高級食材として珍重されているという(日本でもほとんどの海岸で見られ、かつては一部の地域でしか食用にしなかったが、近年では全国的に食べられるようになり、東京築地中央市場でも手に入るらしい)。カメノテを採るスペインやポルトガルの漁師たちがラテン語の意味を知らないままに学名を呼び名にするうち、いつのまにか percebe に変わったということのようである。

カメノテとエボシガイは、どちらも節足動物甲殻類の蔓脚目に所属し、互いによく似ているが、カメノテがミョウガガイ科であるのに対して、エボシガイはエボシガイ科と科がちがう。それより何より、エボシガイは流木などの漂流物に固着して、ふつう岩にはつかないのである。日本のいくつかの地域で、カメノテをエボシガイと呼んでいることが誤訳の一因かもしれない。英語でカメノテはgooseneck barnacleまたはgoose barnacleと呼ばれるが、これはエボシガイも指すので、英名だけでは区別できない。barnacleだけでは、フジツボを含めた蔓脚類の総称になり、さらに多くの種が含まれる。

この goose barnacleをひっくり返して、barnacle goose と呼ばれる鳥がいる。和名をカオジロガンという（奇怪な動物の伝説を扱った百科全書的なある本の邦訳では、「フジツボ・ガン」と訳されている。これも調べる労を怠ったことによる誤訳の例だろう）。この場合の barnacle はフジツボではなくエボシガイのことである。

ヨーロッパには、一一世紀くらいまでにさかのぼって、カオジロガンがエボシガイから生まれるという伝説があった。北欧起原らしいのだが中世にはヨーロッパの全域にひろまり、一六〜一七世紀あたりまで、相当な知識人のあいだでさえ常識とされていて、たとえばアルドロヴァンディ（一五二二ー一六〇五）の『鳥類学』（一五九九〜一六〇三年刊行）には、エボシガイからカオジロガンに至る変態・成長の図が載っている。標準的な伝説では、エボシガイが最初は海を漂う松の流木で、松の脂が貝殻に変わり、海岸の木にくっつき、養分を吸って大きくなり、羽が生える。やがて、いったん水中に落ちたあと、空中に舞い立ち、卵は生まないとされた。このbarnacleをエボシガイとするのは、この現れ方が流木に固着するエボシガイの生態にぴったり合うからである中世屈指の本草家であったジョン・ジェラードの『本草誌』にも、ガンを生む「バーナクル」の木の絵が載っているが、木の枝にエボシガイのような果実をつけたものである。この伝説はもちろん、科学的な根拠のないものだが、どうして生まれ、なぜそれほどひろまったかの推測はつく。第一に、エボシガイの柄の形がガンの首に非常によく似ており、そこから、ガンのヒナではないかという憶測が生まれた。第二に、カオジロガンは北極圏の島嶼で繁殖し、冬に北ヨーロッパに渡ってくるので、夏にはまったく姿が見られない。そのため、水中で発育をとげているにちがいないという憶測がなされた。この二つが合わさって、先のような伝説ができたのだが、第三に、このガンは卵からではなく、木からできるので鳥ではないというのが、断食日にカオジロガンを食べるうまい口実になるために、アイルランドの聖職者たちが好んでひろめた可能性が高いことである。この点は宗教界の大論争を呼ぶが、結局、一二一五年のラテラノ公会議において、ときの教皇イノケンチウス三世によって、断がくだされて、断食日に食べることは禁じられた。

海の幸に恵まれた日本では考えられないことだが、西欧では貝類の名前はまったく大雑把である。フランス料理やスペイン料理でおなじみのムール貝は、ヨーロッパイガイ（*Mytilus edulis*）のことで、種小名の edulis は、文字通り「食用になる」という意味である。ただし、近縁種のムラサキイガイ（*Mytilus galloprovincialis*）も同じくムール貝と呼ばれて料理に使われる。前者は北大西洋、後者は地中海の原産だが、ムラサキイガイは日本に一九二〇年代から、外来種としてひろく定着しはじめ、チレニアイガイなどとも呼ばれている。

ながらく日本ではこのムラサキイガイがヨーロッパイガイだと誤解されていたが、一九八〇年代になってやっと誤りが正された。日本産のイガイやキタノムラサキイガイも含めて、イガイ類はほとんど食用になるが、有毒物質を蓄積する性質があるので、水質の悪い海域のものを採って食べると、中毒を起こす危険性がある。

ムール貝のムールはフランス語の moule に由来するが、英語のマッセル（mussel）と同義である。この単語は、イガイ類だけを指すわけではないので注意が必要である。英語の mussel は長楕円形ないし筆箱状の殻をもつ二枚貝を指す言葉で、具体的にはイガイ目と淡水産のイシガイ目の総称である。イガイ目にはイガイ科とハボウキガイ科が含まれる。イガイ科のホトトギスガイは貝殻の模様がホトトギスの羽色に似ているところから名づけられた小さな貝で、食用にならないだけでなく、繁殖するとアサリなどに害を与える厄介者だが、東アジア一帯に生息するので、英語では Asian mussel と呼ばれる。ハボウキガイ科のタイラギは、寿司屋でその貝柱が「はしら」と呼ばれる貝である。タイラギの英名は pen shell だが、同属の北太平洋産の *Atrina fragilis* の英名は fan mussel である。

もうひとつイガイ目のマゴコロガイ科（この科名は日本産のマゴコロガイが含まれることにちなむのだが、マゴコロのいわれは、アナジャコと呼ばれる甲殻類に寄生して心臓のように見えるからだとされている）に、zebra mussel という貝がいる。これはカスピ海〜黒海の原産だが、近年北米に侵入して、利水施設に深刻な被害を与えており、日本への侵入も危惧されている。この英名は貝殻の縞模様に由来し、和名としてカワホトトギスガイが当てられている。琵琶湖博物館の中井克樹氏は、この和名はまぎらわしいので、ゼブラガイでいいのではないかと提案している。

淡水産のイシガイ目には、カワシンジュガイ科とイシガイ科が含まれる。カワシンジュガイ科には、日本で絶滅危惧種となっているカワシンジュガイがいるが、これは昔ヨーロッパで近縁種から真珠を採取したことからきているようで、freshwater pearl mussel の直訳である。イシガイ科には、イシガイ、マツカサガイ、イケチョウガイ、ドブガイ、カラスガイなど、おなじみの貝がいる。イケチョウガイは真珠養殖にも使われたことがあるので、pearly freshwater mussel と呼ばれる。カワシンジュガイと非常にまぎらわしい英名である。

ドンゴロス　dungaree

食の話ばかりしてきたので、最後に一つ衣にからんだ言葉で締めくくろう。ドンゴロスというのはもともと目の粗い麻布あるいはそれでつくられた麻袋（ズタ袋）のことで、いまでもこの用法はコーヒー生豆を入れる袋とか、いくつかの業界で使われつづけている。語源はヒンディー語のダンガリー（dungaree）で、カタカナ読みの転訛によってドンゴロスになったと考えられている。ところがインドにおける本来のダンガリーは、麻ではなくデニムに似た、粗い綿布のことをいい、デニム製のジーンズがダンガリーと呼ばれることもある。

いまではほとんど死語に近いが、私の子供の頃は、粗末な衣服のことをドンゴロスと呼んだ。だらしない格好をしていると、母親から「そんなドンゴロスみたいなもの着て」と叱られたことがある。かつて、ドンゴロスを着た人間というのは、貧しい人間の代名詞でもあったわけである。

この用法に相当する漢語に「褐寛博《かつかんぱく》」というのがある。子供の頃からへそ曲がりを認じていた私は、『孟子』（公孫丑章句上）にある、「自ら反《かえ》りみて縮《なお》からずんば褐寛博といえども吾《われ》惴《おそ》れざらんや。自ら反りみて縮かれば、千萬人と雖《いえど》も吾《われ》往《い》かん」という言葉がお気に入りだった。この「褐寛博」のことだ。だらしなく着こなした毛織りの着物という意味で、今でいうなら、路上生活者が着ているようなものを指すのだろう。私はずっとこの前半の句を誤解していて、自らの信念を通すためには乞食になることも厭わないという意味だと思っていた。しかし成人して、この「褐寛博」がゴロツキのことで、どんな無頼の徒やヤクザがきても怯まないという意味であることを知った。無知は怖ろしい。

本人がどんなに立派な格好をしていようと、相手の衣服で差別をするという態度はあまり礼節にかなうとは思えないが、少なくとも自分がきちんとした服装をしていれば、相手が礼節をつくしてくれる可能性は高いだろう。

2章　ウシに引かれて動物詣

英語には、家畜、家禽、狩猟の対象となる動物（game animal）、害獣（pest animal）に関して豊富な語彙がある。「はじめに」で例にあげたウマほどではないにしても、ほとんどの大型動物については、成長段階や性別に関して細かな呼び分けが存在する。また動物の行動や巣についても多様な語彙がある。日本に存在しない概念もあるので、翻訳の際には注意深い検討が必要になる。まずはウシの呼び名からはじめて、動物にまつわる厄介な翻訳語を見ていこう。

ウシゾウ　cow elephant

こんな誤訳は実際に見たことがないが、うっかりするとやってしまいそうである。もちろん「雌ゾウ」が正しい訳である。なぜそんな英語になるのか、その理由をつきとめてみよう。

多くの牛丼ファンを嘆かせた狂牛病 mad cow disease の正式な病名は、牛海綿状脳症 Bovine Spongiform Encephalopathy で、通常はその頭文字をとってＢＳＥと呼ばれる。この Bovine というのは、ウシ科動物の分類学的な名前である。問題は、狂牛病に cow という単語が使われていることだ。

畜牛の総称は cattle で、これ自体が家畜を指すこともあって紛らわしいのだが、ほかのあらゆる哺乳類と同じように、雄と雌で異なる単語が用いられる。すなわち、cow は雌ウシで、雄ウシは bull、去勢ウシは ox（複数形は oxen）と呼ばれる。ウシの病気なら、なぜ mad cattle disease ではないのだろう。じつは、この狂牛病の例のごとく、cow がウシの総称として使われることは意外と多いのだ。牧童のカウボーイ cowboy を筆頭に、牛車 cow carriage、無名の田舎大学 cow college、ムラサキツメクサ cow grass、牧小屋 cowshed といった具合に、いくつも例が挙げられる。その理由は単純である。乳牛はもちろん、肉牛でも飼われているウシの大部分が雌だからである。

野生のウシ類は一〇頭から数百頭の群れをつくって遊動するものが多いが、ふつう一つの群れに雄は一頭しかいない。こういうハーレム型の群れは大型草食獣にはよく見られるものである。家畜ウシが野生化した英国チリンガムの群れでも、キングと呼ばれる最優位雄が交尾を独占することが知られている。

通常の放牧馬でも、大多数は雌で、雄は数頭しかいない。悲しいかな生物界の冷徹な原理によって、雄が一頭いれば原理的にはすべての雌を受精させることができるから、大勢はいらないのだ。大部分の雄は成長するとすぐに去勢されて、食用に供される。放牧場でも少数の雄が、ほとんどの交尾を独占する。

雄はbullで、闘牛がbullfightingと呼ばれるように戦いは雄の仕事である。英国にはイヌによって牛を攻め立てるbull baitingという動物虐待の極みのようなスポーツがあったが、一八三五年に法律で禁止されることになった。これ専用にブルドッグとテリアを掛け合わせてつくられた犬種がブルテリアbull terrierである。ちなみに雄ウシが天上にあがってthe Bullとなったのが牡牛座である。

去勢されたウシはox（複数形はoxen）と呼ばれる。ウシの去勢は古くからおこなわれていたようで、聖書にも記述がある。漢字にも、去勢牛を表すものとして、牛偏に建、害、奇、査などと書く字があり、訓では「きんきりうし」と読む。去勢される理由の一つは、種牛は少数でいいということだが、もう一つ積極的な理由がある。つまり、去勢された牛は、雄性ホルモンが減少するために雌化して、おとなしく扱いやすくなるのだ。農耕に使うにせよ、馬車を引かせるにせよ、大人しいという性質は家畜として重要である。

さらに大きな理由は肉がおいしくなることだ。去勢すると、柔らかい白色筋繊維の割合が増え、肉を硬くする結合組織の数が減り、骨格が細くなることで、筋肉歩留まりが高くなるといった変化が生じるのである。肉牛として評価の高い日本の黒毛和牛では、生後五～六か月齢で去勢がおこなわれているようである。

さて、話はここからで、ウシにおけるこの雄（bull）と雌（cow）の区別が、英語では他の多くの大型獣にも適用されるのだ。バイソン、ヌー、カバ、トナカイ、ラクダ、ゾウなど、大型草食獣にはみなこれが適用される。さらには、クジラ・イルカ類、アザラシやオットセイ類にも適用される。というわけで、雌のゾウは cow elephant 、雌のクジラは cow whale になる。最近、オーストラリアの反捕鯨団体が、日本の鯨類研究所でミンククジラとウシの試験管ベイビーの作出を試みていたことをすっぱ抜いたが、もしこの報道が事実だとして、試みが成功すれば（成功する可能性はほとんどないと思うが）、まさしくウシクジラが誕生するわけで、これを英語ではどう表現するのだろう。bull と cow に関して、日本人として理解しがたいのは、ワニや恐竜の雄雌を表すのにも、これが使われることである。釈然としない。

bull と cow に劣らず、多くの動物で使われている雄雌の区別としては、ブタの雄と雌を表す boar と sow とシカの buck と doe がある。前者は、ブタのほかに、それによく似たイノシシ、アナグマ、クマ、さらにはモルモット、ハリネズミ、プレーリードッグのような中型の齧歯類にも適用される。後者は、シカやアンテロープ類、ヤギ類のほかに、ネズミ類、ウサギ類、ハムスター、リス類などで使われている。モルモットとハムスターで、なぜ呼び名がちがうのか、おそらくは歴史的な偶然のせいなのだろうが、日本人にはとても理解しにくい。

おなじみの動物では、イヌ（およびイヌ科の動物）の雄と雌は dog と bitch で、この bitch はもともと雌イヌの意味だったのが、転じて女性に投げつけられるきわめつきの悪罵となっている。小説などで、「あばずれ」「すべた」「くそババア」「このアマ」「淫乱女」とか訳されているのが bitch である。ネコには tomcat と queen という特別な言い方があるが、他のネコ科の大型獣では、雄は総称名のままで、雌だけ語尾に -ess をつけて女性形にする（女優が actress、王女が princess となるのと同じ要領で、ライオンなら lioness 、トラなら tigress といった具合だ）。その他の特別な雌雄名をもたない動物は male（雄）と female（雌）で区別されることになる。文学的言い回しとして、雄を he- 、雌を she- とするのもある。たとえば雄ヤギは he-goat 、雌ヤギは she-goat と呼ぶのである。

哺乳類以外では、種によって雄雌の呼び名が変わるものは少なく、鳥類ではほとんどが、雄が cock 、雌が hen である。クジャクの雄が peacock で、雌が peahen というのもその応用形である。数少ない例外として、ハヤブサ（falcon）やタカ類の雄が tercel（米語では tiercel）、ガチョウ（goose）の雄が gander、カモ類（mallard）の雄が drake で、雌が duck、ハクチョウ（swan）の雄が cob、雌が pen、シチメンチョウ（turkey）の雄が tom といったところがある。特別な言い方がわからないときは、もちろん male と female で十分に意味が通じる。

子グマ　cub

米国大リーグの野球チーム、シカゴ・カブスのカブスとは子グマのことである。しかし、このcubは、クマ科だけでなく、広く肉食獣一般の幼獣に使われる呼び名なのだ。ライオンをはじめとするネコ科動物の子供は原則としてcubであり、例外はイエネコおよびサーバルなど一部のヤマネコ類の子供だけである。イヌ科の動物の子供も、オオカミ、リカオン、タヌキ、などすべてcubだが、イエイヌやオオカミは別の呼び名で呼ばれるほうが多い。

アライグマ科やハイエナ科など他の食肉類もおおむねcubである。海の動物であるにもかかわらず、鯨類（クジラ、イルカ）や鰭脚類（アザラシ、アシカ、オットセイ、セイウチ）、あるいはサメの子供がcubと呼ばれるのは、不思議な気もするが、おそらく獰猛な獣の子供という視点からの呼び名なのであろう。それどころか最近では鰭脚類を食肉類に含める見方が分類学では有力で、欧米人は遺伝子分析の力が利用できる以前に、そのことを見抜いていたのかもしれない。

『オックスフォード英語大辞典』（ＯＥＤ）によれば、語源は古アイルランド語のイヌを意味するcuibではないかという説があるものの確たる証拠に乏しいという。一六世紀あたりにできた言葉で、もともとはキツネの子供を指したのが、のちにクマをはじめとする猛獣に拡張された。それまでは猛獣の子供はwhelpと呼ばれていたのだが、whelpは現在でも、cubと同じ意味で使われることがある。最初に子ギツネを指していたことは動詞のcubが子ギツネ狩りを意味することからもうかがえる。いまでこそ禁止されているが、英国ではキツネ狩りは上流階級の伝統的なスポーツであり、周到な手順を踏んでおこなわれた。カビング（cubbing）とは、本格的なキツネ狩りのシーズン前に、馬と乗り手の訓練のために、農地に隣接する茂みから子ギツネを追い出す狩猟のことなのである。

子イヌは cub とも呼ぶが、より一般的なのは puppy または、その短縮形の pup である。この語源はフランス語の popee で、人形のことだった。つまり、最初は、ご婦人方の愛玩用ペット犬の子供を指したのである。それから拡張されて、オットセイなどの幼獣にも適用されるようになり、いまでは、大型草食獣を除くほとんどの小型哺乳類の子供は pup と呼ばれている。子供っぽいというところから、転じて青二才という蔑みの言葉として用いられもする。ちなみに動詞の pup は動物が子供を産むことを言う。

子ネコは kitty または kitten 、省略形で kit と呼ばれる。kitten はフランス語の子ネコ chaton に由来するもので、もともとはネコの子供のみを指したが、いまでは、子ギツネのほか、リス類、アナグマ、イタチ類の愛らしい子供にも kit ないし kitten が使われる。ウマについては「はじめに」で述べたので省くが、それ以外の大型草食獣のほとんどでは、ウシと同じ calf が使われる。

例外の一つはシカ、プロングホーンなどに使われる fawn で、これはむしろ、これら幼獣の淡黄褐色の毛色を表している。子ヤギは kid また goatling である。ブタで、生活と密接に結びついているだけに、piggy, piglet, gruntling, porket, porkling, shoat など、多様な子ブタの呼び方がある。

ウサギでは、leveret または bunny と呼ばれ、とくに後者は「ウサちゃん」というニュアンスで、人間の子供たちに愛されているだけでなく、バニーガールという成人男子を喜ばせる使われ方もある。最後に、オーストラリアの地にだけすむ有袋類の子供には、もともとヨーロッパ人がいなかったので現地語の幼獣の意味のジョーイ（joey）が使われる。カンガルーでも、コアラで、ウォンバットでも子供はみな joey なのだ。

外国人は日本語の数詞が複雑すぎてなかなか覚えられないというが、日本人にとっては、幼獣についての単語の使い分けも十分にむずかしい。日本語なら動物名の前に「子」という字を付けさえすればいいのだから、楽なものだ。

動物王国　animal kingdom

ときどき見かける誤訳だが、これは分類学上の用語で、「動物界」と訳さなければならない。kingdom はまぎれもなく王国で、そのニュアンスを表現できないのは残念だが、すべての動物をひっくるめた分類群の単位なので、「王国」では具合が悪い。「界」はこの世の事物を類別する最大の区分で、リンネの分類では、自然は動物界、植物界、鉱物界の三つに大別された。「界」の下には「門」(phylum)、その下に順次、「綱」(class)、「目」(order)、「科」(family)、「属」(genus)、種(species)がくる。「綱」以下の訳語は、日本近代生物学の確立に大きな役割を果たした田中芳男(一八三八－一九一六)が、一八七五年に出版した『動物学初編・哺乳類』でつくったとされる(磯野直秀氏の研究による)。

それ以前のもの、たとえば日本最初の本格的な動物学の教科書とされるのは金沢医学校でのオランダ人お雇い教師スロイス(Jacob Adrian Pieter Sluys 一八三三－一九一三)の講義録、『斯魯斯(スロイス)氏講義動物学初編』(太田美農里《みのり》翻訳、一八七四年刊行)では、class には「種」、order には「等」、family には「族」、genus には「属」、species には「類」が当てられていた。「界」と「門」を最初に使ったのが誰かは定かではないが、磯野直秀氏の調査では、「界」の初出は、一八八〇年の『百科全書動物綱目』、「門」については、一八九五年の箕作《みつくり》佳吉《かきち》の『通俗動物新論』のようである。

ところで、英語の animal および plant の意味での動物、植物という概念はもともと日本語には存在しなかった。もちろん、「動くもの」という意味の「動物」という言葉はあったが、それは話がちがう。animal は、日本語の獣・鳥・虫・魚介をひっくるめたものである。ところが日本では animal が獣だけを意味すると受け取られる傾向があり、今日でも、昆虫や魚、鳥などを「動物」と呼ぶことに違和感を覚える人は少なくない。

ヘボンの『和英語林集成』でanimalの和訳を見てみると、初版（一八六七年）ではkedamono（獣）、jurui（獣類）だけしかでておらず、二版（一八七二年）になってやっとdobutsu rui（動物類）という訳語がでてくる。つまり、animalは最初、獣すなわち哺乳類のこととみなされていたわけで、この用例からすると、animalに「動物」という訳語が当てられるのは、一八七〇年前後ということになるが、これもおそらく田中芳男が関係しているのだろう。なぜなら、一八七一年頃に書かれたと思われる田中の筆になる「博物館之所務」には「動物植物鉱物三科の学を研究して」とあるからである。

一方、日本語の「獣」にぴったりと対応する英語としてmammalがある。これは哺乳類とすべきものだが、一流の動物学者でもいまだに哺乳動物と書く人は多い。まちがいというわけではないが、分類学的には、鳥類、爬虫類、両生類、魚類とならんで、脊椎動物門の綱をなすもので、ほかの綱が「類」で呼ばれているのだから、哺乳類とするのが理に適っている。哺乳動物という言い方はどこから来たのだろう。じつはこれはドイツ語のSaugetiere（あるいはオランダ語のZoogdieren）の翻訳である。動詞のsaugenは授乳、tiereは動物だから授乳する動物という意味になる。

板垣英治氏の研究によれば、先に述べたスロイスの講義録は、D. Lubackの著になるオランダ語の教科書（『Dierkunde』）を種本にしたものだという。この訳本では、学名*Mammalia*、オランダ語名Zoogdieren（これはドイツ語のSaugetierenと同じ意味）に対して「哺乳動物」の訳語が当てられている。おそらく、これが最初期の用例ではないだろうか（ただし、磯野氏によれば、一八三五年に書かれた宇田川榕菴《ようあん》稿の『動学啓原』に哺乳動物という表記があるらしい。原語はおそらくオランダ語と思われるが確認していない。これが事実とすれば、「動物」という訳語の最初も、ここまでさかのぼることになる）。

田中芳男は、博物知識の啓蒙のために一般向けの啓蒙書を数多く出版したが、その一つに一八七三年から七八年にかけて刊行された初等教育用の彩色『動物懸図』がある。その第一は「獣類一覧」となっていて、一八七五年にそれを解説する教科書が出版されるが、こちらでは『動物学初編・哺乳類』となっている。つまり、ここで獣類が哺乳類に変身したのである。じつはこちらにも米国の『学校家庭掛図』という種本があって、原語はmammalだった。英語経由では哺乳類、オランダ語ないしドイツ語経由では哺乳動物という訳語が、このあたりの時期にできあがったようである。ちなみにヘボンの辞典にmammalはでてこない。

哺乳類の形態学的な特徴として特筆すべきは、乳腺と体毛である。学名のMammalia、英名mammal、ドイツ語名Saugetierenのいずれもが乳腺をもつことをとらえているのに対して、日本語の「けもの」が、体毛に注目しているのは、自然観のちがいとして興味深い。西欧人の乳の重視は、おそらく牧畜民族が乳《ミルク》をよく利用したことと関係しているのだろう。

ハンター　hunter

これも場合によって訳し分けなければならない言葉である。動詞の狩る（hunt）に由来し、狩りをする人、狩りをする動物のことを指す。人間の場合には、時代と状況に応じて、猟師、狩人、ハンターなどと訳すことができるが（ただし、英国ではキツネ狩りはあくまでスポーツなので、それをする人をハンターとは呼ばない）、総称として狩猟民を指すこともある。転じて、何かを追い求める探求者という使われ方もある。動物の場合には、猟犬あるいは猟馬と訳すべきときもあるし、捕食獣（predator）の意味で使われることもある。

ところで動詞の hunt は、空間的・時間的なひろがりをもつ言葉である。基本的には、獲物を見つけ、追い立てあるいは忍び寄って、仕留めるという三つの段階がある。語源的（古英語の hentan は「捕まえる」という意味）には、結果として獲物を仕留めることに重点があったが、現代的な用法では、むしろ獲物を見つけ、駆り立て、追跡することに重きがある。そこから、探し求める（hunt for）、くまなく探す（hunt through）、追いつめる（hunt down）、狩りたてる（hunt up）といった用法がでてくる。

英語の hunt あるいは日本語の「狩り」から転用されて、魔女狩り（witch hunt）、赤狩り（英語は red hunt ではなく red scare）、言葉狩り（英語にはない概念だがあえて訳せば、word hunt）といった表現が生まれた。これらの行為は標的をあぶりだすことに主眼があるが、実際の狩りと同じように、狙われた対象を死に追いやることも珍しくなかった。

獲物は、直接自分の眼で見つけることができれば簡単だが、いつでもそううまくはいかない。そこで、頼りになるのが、においと足跡である。ホッキョクグマが嗅覚でアザラシを見つけることも知られているし、ブタを使ったトリュフ狩りも嗅覚を利用したものだ。

獲物を見つけるもう一つの重要な手がかりは足跡である。日本語の足跡はふつう地面に残された足の刻印（footprint）を指すが、獲物の通った通り跡（track あるいは trail）もひろい意味では足跡である。けもの道は animal trail なのだ。足跡を見つけると追跡（tracking）がはじまる。そして忍びよりあるいは不意打ちによって至近距離まで近づくことができれば、攻撃を加えて、とどめをさす。これら一連の行動のすべてが狩りなのである。

人間が野生動物を狩るのは狩猟（hunting）であり、対象が魚の場合には漁労（fishing）、それをする人間は漁師、釣り人（fisherman）となる。獲物（prey）は哺乳類の場合には game、とくに大物は big game と呼ばれ、鳥の場合には game bird（または fowl）や winged game と総称される。非合法な狩猟に対しては密猟（poaching）という言葉がある。

人間の狩猟も動物の狩りと同じ要素からなるが、人間は仕留めの段階で武器として弓矢や銃を使うだけでなく、その他の過程でも、しばしば犬の手を借りる。狩猟に使われる犬は猟犬ないし狩猟犬（hunting dog）と呼ばれるが、さまざまな犬種によって役割が分担されている。犬種のなかで猟犬を表す英語としてハウンド（hound）というのがあるが、ハウンド犬は獲物を見つけだして、駆り立てる役割をする。嗅覚ハウンドと視覚ハウンドにわけられ、前者では、キツネを追い立てるフォックスハウンド、ウサギを追い立てるビーグル、アライグマを追い立てるクーンハウンド、アナグマの巣を見つけて狩るダックスフントなどが代表的な例である。後者は、目で獲物を見つけだして追いかけるので、一般にすぐれた走力をもつ。代表的なものとしては、ウィペット（ホイペット）、ディアハウンド、サルキー、グレーハウンド、ボルゾイなどがある。テリア類は、キツネやアナグマを穴から追い出すという役割のために作り出された品種で、体は小さいが勇猛なことを特徴としている。

狩猟に銃を使うようになって以降に作出されたのが銃猟犬で、役割のちがいによって、いくつかの犬種グループがある。ポインターと呼ばれるのは、獲物を主として嗅覚で探し当て、独特のポーズをとって、ハンターに獲物の所在を示す（point）。セッターと呼ばれる犬種は、ポインターと同じように獲物の位置をつきとめるのが仕事だが、突き止めたときに伏せの姿勢（set）で場所を示すところからこの名がある。レトリーバーは、銃で撃ち落とされた獲物のところにいち早く駆けつけて回収（retrieve）するのが役目である。スパニエル種は、上記のすべての役割をこなすオールラウンド・プレーヤーである。

キメラ　chimera

英語ではカイメラと発音されるこの言葉の語源はラテン語のchimaeraで、雌ヤギという意味である。これがギリシア神話の伝説の生き物キマイラに由来するものであることはよく知られている。伝説のキマイラは、ガイアの息子テュポンとエキドナの娘で、ライオンの頭とヤギの胴体、ヘビの尻尾をもつとされる。ところが、日本を代表するある国語辞書で、ながらく「ヤギの胴体」が「ヒツジの胴体」になっていた（最新版では訂正されている）。誤訳というのではなく、うっかりミスだろう。しかし、この誤りがいまでも生物学辞典に残っていたりするから注意しなければならない。

ヒツジとヤギは漢字で書けば、羊と山羊で似たようなものだし、実際、古くから混乱は見られたようで、いまなお多くの文学青年に愛唱される中原中也の詩集『山羊の歌』のタイトルとなった詩はじつは「羊の歌」なのである。両者は見かけだけでなく、哀切な鳴き声もよく似ている。どちらも偶蹄目ウシ科のヤギ亜科に属する非常に近縁な種である。野生のヤギ類とヒツジ類を含めると厳密な区別は非常に難しくなるが、一般的なちがいは、ヒツジの角が螺旋形にねじれ、断面が三角形であるのに対して、ヤギの角はまっすぐで、断面が四角。ヒツジの尾が短いのに対して、ヤギの尾は長い。ヒツジは眼下腺、そけい腺、蹄間腺をもつが強い臭いは出さないのに、ヤギはそうした腺をもたないが、尾下腺をもち繁殖期には強烈な臭いを発する。またヤギの雄には顎鬚がある。

ところで山羊の歌（goat song）というのは、悲劇のことにほかならない。悲劇（tragedy）の語源はギリシア語の tragoidia で、「雄ヤギ（tragos）の歌（aeidein）」という意味である。なぜ山羊の歌が悲劇になったかについては諸説がある。一つは、合唱コンテストの優勝賞品が山羊だったからという説、もう一つは生け贄としてヤギが殺される前に合唱がおこなわれたからだという説である。さらに、悲劇を演じる役者が山羊皮の衣装を身につけていたからという説もあるらしい。

ヒツジの仲間は群居性がきわめて強く、リーダーの動きに全体が従うという性質をもつので非常に家畜化が容易である。しかも雑草・雑木を食べるので、人間と食糧をめぐる競合がないため、紀元前八〇〇〇年前後に中東地域で、人類最初の家畜として、野生のムフロンから家畜のヒツジがつくられたと考えられている。

群れ全体がリーダーのもとで統制のとれた動きをするところから、キリスト教ではヒツジの群れを神に従う信徒の群れになぞらえられ、『聖書』にたびたび登場する。

ヒツジとヤギの話はこれまでにして、キメラに話を戻そう。生物学用語としてのキメラは、一九〇七年にドイツの植物学者ハンス・ヴィンクラー（一八七七－一九四五）がトマトとイヌホオズキの実験的な接合体を指す言葉としてつくったものである（ついでながら、ゲノムという言葉をつくったのもこの人である）。現代風に定義すれば、二種類以上の遺伝的に異なる細胞からなる個体ということになる。キメラマウスのように、毛色のちがうマウス細胞からなる同種間のキメラだけでなく、ニワトリとウズラの細胞からなる異種間のキメラも可能である。

もちろん、キメラは自然状態でできるわけではなく、植物では接ぎ木によってつくられる。脊椎動物、ことに哺乳類では免疫作用によって他個体の細胞は排除されるので、ふつうは移植によってキメラをつくることはできない。成体の場合にはあらかじめ放射線照射をおこなってから移植したり、免疫抑制剤を使用したりしないかぎりキメラはできない。広い意味では、臓器移植を受けた患者はキメラとみなすことができるが、通常はキメラとは呼ばない。ただし、骨髄移植によって、他人の血球が共存する場合は骨髄キメラと呼ばれる。

医学や生物学で一般にキメラと呼ばれるのは、まだ免疫学的な識別が成立する前の初期胚細胞をとりだし、試験管やシャーレで融合させてつくる。ホヤのキメラ、カエルのキメラ、ウズラとニワトリのキメラなどが遺伝子の発現機構の研究のためにつくられているが、もっとも後半に実験に使われているのはキメラマウスである。

ところが、こういう人工的なものではなく、体の一部に異なった種類の細胞をもつキメラ的な個体が自然に出現することがあり、モザイク（mosaic）と呼ばれている。キメラとモザイクのどこがちがうかといえば、キメラの場合、異種細胞は外来のものであるのに対して、モザイクでは自らの細胞に由来する変異細胞だという点にある。これは体細胞分裂の過程で染色体の配列や数に異常が生じるために生じるもので、甲虫やチョウなどの昆虫類でもっとも頻繁にみられるが、甲殻類や鳥類にも見られる。

体の一部が雄で一部が雌のものは雌雄モザイク（gynandromorph）と呼ばれ、ときには体の中心から右半分が雄で左半分が雌と、まるで雄個体と雌個体を張り合わせたようなものが生じることも珍しくない。人間の半陰陽のなかにも雌雄モザイクが原因になっている場合がある。

ツチオオカミ　aardwolf

この aard はアフリカ現地語の土を意味するので、ツチオオカミとしても文句のつけようはないのだが、じつはこの動物はハイエナの仲間で、オオカミとは無縁なのである。ハイエナは、イヌ科でさえなく、独自のハイエナ科をなしていて、あえて類縁をさがせばジャコウネコ科に近い。したがって aardwolf をオオカミとするのはいかにもまずい。そこで、現在では、英語をそのままカタカナ読みにしたアードウルフと表記するのがふつうになっている。アードウルフは他のハイエナとちがって、昆虫を主食とし、シロアリ塚から土ごと一緒にシロアリをなめとって食べることから、aard の名がある。

この種をはじめて記載したのはアンデルス・スパルマン（一七四八―一八二〇）というスウェ

ーデンの博物学者だった。彼は九歳でウプサラ大学に入学した神童で、かのリンネの使徒の一人として、一七歳で東インド会社の船医となって中国へ行き、またクック船長の世界一周旅行にも同行したことが知られている。二三歳と三九歳にアフリカを探検調査し、そのときにアードウルフを発見したのである。ここでアードウルフをもちだしたのは、モザイクの話を受けて、雌雄同体という汚名を着せられたハイエナについて語りたいからである。

ハイエナは〈ハゲタカ〉と並んで、他人の獲物をかすめとる悪逆非道の人間の代名詞に使われる動物である。人間の審美的な基準からすれば、どうみても汚らしい色と毛並み、まるでへっぴり腰のように背中が尾に向かって傾斜していて卑屈に見える姿勢、そして何よりも、その悪食のゆえに、人間に好かれないのは仕方がないとしても、事実無根の汚名をいくつも着せられているのは気の毒である。スティーヴン・グールドは彼らの汚名をそそぐためにエッセイ集『ニワトリの歯』で一章を割いている。

アードウルフを除くハイエナ類、すなわちカッショクハイエナ、シマハイエナ（他のハイエナはサハラ砂漠より南のアフリカにしか生息しないが、シマハイエナだけは北アフリカ、アラビア半島、トルコ、中東からロシア南西部まで分布する）、ブチハイエナの三種は、いずれも腐肉食である。強力な顎と歯、消化器官をもっていて、ほかの動物が食べ残したものまでなんでも食い尽くし、消化しきれない嚙み砕いた骨のかけらや角などだけをペリットとして吐きだす。この腐肉漁りが悪名の一つを生んだ。つまりライオンなどが狩った獲物を横取りするこすからい奴という誹りである。しかし、ハンス・クルークが長年の研究で明らかにしたように、少なくともブチハイエナはすぐれた狩猟能力をもち、群れでシマウマやヌーをしとめることができる。評判に反して、ライオンがハイエナの上前をはねることも少なくないのである。

腐肉食いは、墓場を荒らして死体を食らうという二つ目の悪名のもとにもなった。ただし、これはまったくの事実無根ではなく、実際にマサイ族には死者をブッシュのなかに安置する習慣があり、ハイエナはそうした死体を漁ることがあるらしい。また、空腹のハイエナが人間を襲った例も報告されている。そんなこともあって、アフリカの各地に狼男ならぬハイエナ男（werehyena）の伝説があり、死の呪術と結びつけられていることが多い。

三つ目の悪名は、その姿形からきている。イヌ科のようでもあり、ネコ科の特徴もあるところから、ハイエナは正式の種ではなく雑種であるとされた。英国女王エリザベス一世の寵臣で、作家・探検家でもあったサー・ウォーター・ローリー（一五五二－一六一八）は、ノアの洪水の際にハイエナはいなかったと主張した。神は純粋種だけを方舟に乗せたのであり、ハイエナは洪水後に、イヌとネコが交わって生まれたというのである。

四つ目の悪名は、ハイエナが両性具有だという言い伝えである。『イソップ寓話集』には、「ハイエナは毎年、その性質を変えて、時には雄、時には雌になる」と書かれているし、プリニウスの『博物誌』（第八巻、四四章）では、ハイエナは雄がいなくとも子を産むことができるという俗信が述べられている。このような誤解は、ブチハイエナの雌のクリトリスが雄のペニスとまったく同じような形をしていて、そのうえ、睾丸そっくりの陰唇の脂肪組織までついていて、外見だけからでは雌雄の区別がつかないことからきている。クルークは、ブチハイエナでは、一般に雄よりも雌が優位で、雌の偽のペニスは、群れのなかで雄の役割を引き受ける雌が、なわばり争いなどの際のディスプレーの道具として発達させたのではないかと言っている。そしてグールドは、胎児の高アンドロゲン濃度が、ブチハイエナの雌の偽ペニスを生じさせるのだろうという研究を示して、この特異な形態形成の謎解きをしている。

アリストテレスが『動物誌』において、両性具有説が明確に誤りだと指摘したにもかかわらず、中世の動物寓話に根強く生き残り、先に述べたネコでもイヌでもないという姿形とあいまって、「ハイエナは、二心あるために、なにごとにも無節操な存在である」として忌み嫌われた。

しかし、捨てる神あれば拾う神ありで、エチオピアのハラールという町では、町から出た生ゴミをきれいに片づけてくれる掃除人として、シマハイエナが、まるで野良犬のように受け入れられており、そこにすむある一家の人々は、いまでも野生のハイエナに口移しで餌を与えていて、餌付けされたハイエナが観光用の見せ物になっている。

「ツチオオカミ」の話をしたので、ついでに語頭に同じ aard をもつツチブタ aardvark にも触れておこう。これもまたブタではないので、本当はアードヴァークと呼んだほうがいいのだろう。一種でツチブタ属、ツチブタ科、ツチブタ目を構成するアフリカ特産の動物で、アードウルフと同じく、アリやシロアリを巣から掘り出して食べる。肉の味はブタに似ているらしく、イスラム教徒はこれをブタとみなして、食べることを禁忌としている。

ヨウスコウワニ　Chinese alligator

ヨウスコウワニという和名は古くから親しまれてきたもので、別にまちがいではないのだが、最近ヨウスコウアリゲーターと改称された。そのわけは、ワニ類の分類学的な区別を和名に反映させるためである。日本語のワニは分類名および英名で区別される三種類のワニを一緒くたにしていることにある。日本にはもともとワニは生息しないので、かつてはワニをサメと同一視していた時代があった。したがって、区別する日本語がないのは無理からぬことではあるが、ワニ類には、それぞれ科として区別されるアリゲーター類、クロコダイル類、ガビアル類という三つの異なるグループが含まれている。

アリゲーター科のワニは、口を閉じたときに下顎の歯が見えないことでクロコダイル類と区別される。このグループにはアリゲーター類（alligator）とカイマン類（caiman）の四属八種がいて、おもに北米南部から、中南米にかけて生息するが、唯一ヨウスコウアリゲーターだけが中国東部に生息する。ミシシッピワニとも呼ばれるアメリカアリゲーターを除いて、他のすべての種が絶滅の危機に瀕している。英名 alligator はトカゲを意味するスペイン語 el lagarto に由来し、caiman の方はカリブ人の言葉をそのまま移したスペイン語またはポルトガル語に由来する。

クロコダイル科のワニは、口を閉じたときに、下顎の前から四番目の歯が哺乳類の犬歯のように見えることと、鼻づら（吻）がやや尖って見える点で、アリゲーター類と区別される。クロコダイル類（crocodile）は、アメリカワニ、キューバワニ、オーストラリアワニ、ニューギニアワニ、ナイルワニといった和名から推測されるように、世界中の熱帯・亜熱帯水域に生息し、一二属一三種が知られているが、いずれの種もやはり絶滅の危険にさらされている。英名の crocodile はナイルワニを指すギリシア語の krokodilos に由来する。

最後のガビアル科のワニは、鼻づらが非常に細長いことで区別されるワニで、インドガビアルとマレーガビアルの二種がいる。この二種もやはり絶滅の危機にある。英名 gavial はヒンディー語 ghariyal に由来する。というわけで、ワニに相当する英語は、alligator、crocodile、caiman、gavial の四種類があることになる。単純にこれらすべてをワニにしてしまうと、American alligator と American crocodile がどちらもアメリカワニになって区別がつかないので、前者をアメリカアリゲーターにすることにし、それと同じ論理でヨウスコウワニもヨウスコウアリゲーターに変更することが推奨されるのである。

同じような事情はカメにもあって、大きく turtle と tortoise の区別がある。ふつう前者を海ガメ、後者を陸ガメと考えていいと思っていたのだが、ことはもっと複雑であるらしい。そのことを、私はドーキンスの『進化の存在証明』で知ったのだが、英国と米国で指すものがちがうという。英国では、海で生活するカメを turtle 、陸上で生活するものを tortoise 、淡水または汽水域で生活するものを terrapin と区別し、総称としてのカメ類に対しては chelonian という用語を当てる。これに対して、米国では turtle はカメ類の総称であり、陸ガメは land turtle というようなのだ。同じ英語圏でもこれだけのちがいがあるのは興味深い。

同じように日本語ではカエル（古くはカワズと呼ばれた）だけですむのに、英語では frog と toad という二つの用語がある。frog は古英語の frogga に由来し、さらにさかのぼれば「跳ぶ」を意味するサンスクリット語 plava にいきつくという。この frog と toad の使い分けには分類学的な意味はなく、frog がカエル類の総称として使われ、ヒキガエル科のカエルに対してだけ toad が使われるのが原則だが、それ以外のカエルでも、比較的乾燥した生息環境にすみ、外見がヒキガエルに似たものには toad が使われる。

ヒキガエル類（true toad）以外に toad と呼ばれるのは、スズガエル類（disk-tongued toad）、ツメガエル類（clawed toad）、ピパ類（surinam toad）、メキシコジムギリガエル類（burrowing toad）、スキアシガエル類（spadefoot toad）、ツノガエル類（horned toad）などである。なお、toad は古英語の tadige に由来することはわかっているが、その語源は不明である。

＊

ここまで、翻訳語問題を手がかりに動物誌をしてきたが、対象は哺乳類をはじめとする陸上脊椎動物に限った。鳥類と無脊椎動物については別の章で論じるが、これほどわずかな例だけからでも、人類と動物がいかに深いかかわりをもって暮らしてきたかがわかるはずだ。当然のことながら、個々の動物と人間の結びつきは国や民族によってちがいがあり、それが言葉に反映されている。したがって、翻訳語を介した動物誌は、ある意味で異文化誌でもあるわけだ。

3章　雉《きじ》も鳴かずば撃たれまい

鳥が鳴くのは悲しいからではなく、自己宣伝のためであり、つまりは一種のディスプレイなのである。さえずりは求愛の声であるが、同種の他の鳥に対するなわばり宣言としての意味をもつ場合もある。しかし、自分の所在を明らかにすることは、敵に利用される危険もある。美しい飾りや羽色と同じく、その危険な役回りを引き受けるのはふつう雄である。キジの雄は鳴くことによって猟師の注意を引きつけてしまうのである。鳴き声の話を手がかりに、鳥の世界の翻訳語問題に迫ってみよう。

白鳥の歌　swan song

これは、白鳥が生きているあいだはまったく鳴き声をあげず、死の間際にだけ歌うという伝説にもとづく慣用句で、芸術家が最後に残す遺作の代名詞になっている。クラシック音楽が好きな人は、シューベルトの同名の遺作（ドイツ語で Schwanengesang）のことをまず思い浮かべるかもしれない。この伝説のもっとも古い典拠はアリストテレスの『動物誌』（第九巻、第一二章）で、白鳥は「よく歌う鳥であって、死期が近づくと特によく歌う。なぜなら、……リビアの沿岸を航海していた人々が、海の中で悲しそうな声をあげて歌うたくさんの白鳥に出会ったことがあるからだ」と述べられているものである。その後、この記述の死期が近づくと歌うというところだけが強調されて、先に述べたような伝説が生まれた。すでに一世紀にプリニウスが『博物誌』（第一〇巻、第三二章）で、白鳥が死に際に歌うという話は、観察によれば誤りであると書いたにもかかわらず、この伝説は人の心に訴えるところがあるらしく、古典時代から中世を通じて語り継がれた。

『イソップ寓話集』には食卓に供されるガチョウとまちがえて連れ去られた白鳥が、死ぬ前に一曲歌い、その歌のゆえに死を免れた話があるし、オウィディウスの『変身物語』の「ピクスとカネンス」の項には、夫をまちわびるカネンスが「瀕死の白鳥がみずからの挽歌をかなでるように」哀切な歌を歌ったという記述がある。後世にはチョーサーやシェークスピア、テニスンなど、多くの作家が、散文や詩の題材として、「瀕死の白鳥」を取り上げている。

鳥類学におけるハクチョウ類は、カモ科のハクチョウ属六種とカモハクチョウを合わせた七種の鳥を指す。多くは白い羽色に一部黒い部分をもつだけだが、コクチョウは白鳥という名に反して全身真っ黒である。七種のハクチョウ類のうち、このモデルとなったのはヨーロッパから中央アジアにかけてひろく分布し、古代から飼育されていたコブハクチョウ（*Cygnus olor*）だと思われる（日本にも移入されていて、公園の池などでこの種が見られる）。なぜなら、この鳥の英名は mute swan で、物言わぬハクチョウという意味だからである。もちろん、実際にはコブハクチョウはさまざまな鳴き声をもっているし、死に際だけでなく、ふだんにも鳴く。ついでながら、ハクチョウ類は、一夫一婦で、例外はあるものの、原則として一生同じつがいでいることが多い。

これが、なぜ悩ましい翻訳語のひとつであるかと言えば、本来、bird song（鳥の歌）はさえずりを意味するからである。「白鳥の歌」の場合は、寓意的表現であるから、歌でもいいのだが、ふつうの鳥の song は、さえずりと訳すべきなのだ。

鳥の鳴き声はさえずりと地鳴き（call）に大別される。さえずりは本質的に求愛声であり、繁殖期に雄が発するものである。ただし、雄と雌が交互あるいは同時にデュエットしながら交尾の気分を高めていくような種もある。地鳴きは一年を通して聞かれる日常的な音声であり、危険の接近を知らせるためや、ヒナと親鳥のコミュニケーションの手段として使われる。さえずりは地鳴きに比べて、時間的に長く、複雑な節回しをもつこともあり、コジュケイの「チョットコイ」やホトトギスの「トッキョキョカキョク」のように聞きなしをされる。

さえずりは種によって遺伝的に決定されているが、後天的に微調整される部分もあるので、正しいさえずりは自分と同じ種のさえずりを聞いて学習しなければできない。そのため、同じ種でも地方によって少しずつ異なるさえずりの方言化が見られる。

とくに美しいさえずりをもっているのがスズメ目（かつては燕雀目というゆかしい名前だった

のに、いまではこんな素っ気ない名前になってしまった）スズメ亜目の小鳥たちで、英語ではsong bird、日本語では鳴禽類という訳語があったのだが、いまでは「スズメ亜目の小鳥」と呼ぶことが推奨されている。悲しいことだ。

ちなみにスズメ目（Passeriformes）およびスズメ亜目（Passeri）の学名はスズメの属名*Passer*に由来するものだが、これはラテン語でスズメ（sparrow）のことである。スズメ目の小鳥の特徴は鳴管という発音器官が発達していることだが、その構造のちがいによって、鳴禽類と亜鳴禽類（タイランチョウ亜目）に分けられる。前者は約四〇〇〇種が世界中に分布しているのに対して、後者は南アメリカを中心に約一〇〇〇種が知られている。亜鳴禽類にもコトドリやクサムラドリのようにさえずる鳥がいないわけではないものの、おおむね単純な音の繰り返しによる鳴き声をもつだけである。

ネコマネドリ　catbird

この仲間は北アメリカに生息するマネシツグミ科の鳥なのだが、同じく英語でcatbirdと呼ばれるニワシドリ科のネコドリ類がオセアニア地方にいるので、話がややこしい。ネコマネドリと呼ばれる鳥には、英名grey catbirdのネコマネドリ（*Dumetella carolinensis*）と英名black catbirdのクロネコマネドリ（*Melanoptila glabrirostris*）という二種がいる。ネコの鳴き声に似た地鳴きをするところからこの名がある。ネコマネドリが属するマネシツグミ科はその名の通り、他の鳥のさえずりを真似ることを得意としていて、ネコマネドリも例外でなく、他の鳥のさえずりを真似ることができるし、アマガエルの鳴き声などだけでなく、人工音さえ真似ることができる。

マネシツグミ科は約三〇種がカナダ南部から南アメリカ大陸の南端にまで分布している。その代表種はいうまでもなく、この仲間のうち唯一北米で繁殖し、米国人にモッキンバードmockingbirdという名前で親しまれているマネシツグミである（mockingbirdという名をもつ鳥が複数いるので、この種を特定するときには、northern mockingbirdと呼ぶ）。マネシツグミは、アーカンソー州、ミシシッピー州、フロリダ州、テネシー州、テキサス州の州鳥になるほど米国で人気が高い。その属の学名も*Mimus*で、まさに真似し屋なのである。標準和名はマネシツグミであるが、文学作品ではしばしば、モノマネドリという訳が付けられている。

マネシツグミは、前項で述べたさえずりが学習によって影響を受けるという事実を例証するもので、数あるモノマネ鳥のなかでも、もっとも巧みに音真似をすることができる。他種の鳥のさえずりを真似するだけでなく、他の動物や自動車のクラクションやチェーンソーの音のような機械音さえ真似ることができる。この音を真似る能力は求愛の際のレパートリーを増やすのに役立っており、幅広いレパートリーをもつ雄ほど、求愛の成功率が高いとされる。マネシツグミは単に真似が巧みなだけでなく、声も大きく、換羽期を除いてほとんど一年中さえずる。とくにつがい相手のいない雄は夜通し鳴くことがある。

映画になって、アカデミー賞の三つの部門賞を受賞したハーパー・リーの『アラバマ物語』の原題は〝To kill a mockingbird〟である。この物語ではマネシツグミは無垢と寛容の象徴とされ、グレゴリー・ペックが演じる主役の弁護士に、作物を荒らすアオカケスはいくら撃ってもいいが、ただ鳴きわめくだけで害をなさない「マネシツグミを殺すのは罪だ」と言わしめていて、これが原題の意味である。蛇足をいえば、マネシツグミは黒人の暗喩である。

もう一方のcatbirdは、ニワシドリ科のネコドリ属（*Ailuroedus*）の三種、すなわち、ネコドリ（*A.crassirostris*、英名green catbird）、ミミグロネコドリ（*A.melanotis*、英名spotted catbird）、ミミジロネコドリ（*A.buccoides*、英名white-eared catbird）をいう。ネコドリはオーストラリアの東海岸、ミミグロネコドリはオーストラリアのクィーンズランド州とニューギニア島、そしてミミジロネコドリはインドネシアからパプアニューギニアにかけて生息する美しい鳥である。このcatbirdという名は、ネコマネドリの場合と同じくネコの鳴き声に似た地鳴きをもっているところからきている。その声はさかりのついたネコのようだとも表現される。

ネコドリ類が属するニワシドリ科には、ネコドリ類以外に一五種のいずれも鮮やかな羽色をもつ鳥が含まれ、英語でbowerbirdと総称される。この英名は繁殖期に東屋《あずまや》（bower）と呼ばれる壮大な構造物をつくることからきている。ニワシドリ（庭師鳥）という和名はこの建造技術を表したものだが、英名をそのまま翻訳したアオアズマヤドリという和名をもつ種もいる。ところが、ネコドリ類はこの科のメンバーでありながら、東屋をつくらず、その代わりに非常に手の込んだ大きな巣をつくる。

東屋は巣ではなく、雄が雌を引きつけるための広告塔で、産卵するための本当の巣は雌だけでつくる。東屋の構造は、林床に緑の葉を飾っただけの単純なものから、チャイロニワシドリがつくるきわめて複雑な構造物まで、さまざまな段階がある。一般に雄の飾り羽や羽色が鮮やかな種ほど素朴な東屋をつくり、羽色が地味な種の雄ほど、大きくて複雑な構造物をつくるという傾向がある。したがって、ニワシドリ類においては、派手な飾り羽や色で雌を引きつけるというやり方から、東屋をつくることでその代用をするという方向への進化があり、それにともなって羽色が地味になっていったものと考えられている。

東屋の建築は、純粋に生得的なものではなく、さえずりの場合と同じように、学習が一定の役割を果たしている。若い鳥のつくる構造物は粗雑であるが、経験をつむことによって腕をあげ、しだいに精巧なものをつくれるようになる。ネコドリは雌雄がほとんど同じような羽色をしていることからもうかがえるように一夫一婦だが、派手な東屋をつくる他のニワシドリは乱婚性で、雄はできるだけ多くの雌を東屋に引き入れて交尾しようとするのである。

大鴉《おおがらす》　raven

これは、エドガー・アラン・ポーの物語詩"The Raven"の表題を初めとして、文学作品でしばしば用いられる訳語である。動物学的にはたいていの場合、ワタリガラスとすべきものだが、この書の場合、冥界の死者という象徴的な意味をもつ表題なので、こう訳すのも一つの考え方だろう。

日本で日常的に見られるカラスはハシボソガラスとハシブトガラスだけで、両者を区別せずに単にカラスと呼んできた。漢字の烏と鴉も本質的な区別はないようだ。しかし、世界にはほかにも俗にカラスと呼ばれる多様な鳥がいる。もっとも広義にはカラス科の一一〇種あまりを指し、ここには、カケス類、カササギ類、オナガ類、サンジャク類などが含まれる。これらの鳥にはそれぞれに固有の和名があるので、日本語ではふつうカラスとは呼ばない。もっとも狭い意味でのカラスはカラス属(*Corvus*)の四三種だが、ほかにホシガラス属など六属一一種もカラスと呼ばれる。

問題はこれらのカラスが英語でどう呼び分けられているかである。話題のravenは、ワタリガラス類、オオハシガラス類など、類縁とは無関係に大型のカラスを指すので、総称として大鴉《おおがらす》と訳すのはある意味ではまちがっていない。ワタリガラス(*Corvus corax*、英名common raven)は、動物地理区における旧北区、新北区全体、つまり北半球全体に分布し、日本では北海道に冬の渡り鳥として姿を見せる。属名*Corvus*がワタリガラスを意味するギリシア語のRabeに由来することからもわかるように、ヨーロッパでは古くから非常になじみの深いカラスである。『創世記』（第八章、第七節）で洪水が引いたことを確かめるために方舟から最初に放たれたカラスも英語訳では raven だから、ワタリガラスだったのであろう。北欧神話にも登場するし、英国史においても、チャールズ二世がロンドン塔にワタリガラスを飼うように勅令を出すなど、世界のいたるところで、ワタリガラスに関する神話や物語が見られる。もう一つの文学とは無縁の raven は、エチオピアからソマリア地方に生息するオオハシガラス（*C.crassirostris*、英名 thick-billed raven）で、その名の通り巨大な嘴《くちばし》をもつ。

もちろん、そこいらのありふれたカラスは crow で、日本の二種をはじめとして、世界中のほとんどのカラスは crow と呼ばれる。raven と crow の区別はすでにギリシア時代からあり、アリストテレスの『動物誌』でも、korax と korone として区別されている。crow の代表種であるハシボソガラス（*C.corone*）はユーラシア大陸の両極端、西ヨーロッパと中央・東アジアに分布するカラスで、日本だけでなくヨーロッパでも古くから知られていた。carrion crow（腐肉食いのカラス）という英名で呼ばれるが死肉だけではなく、果実や種子も食べる。ハシブトガラス（*C.macrorhynchos*、英名 large-billed crow）は南アジアと東アジアに分布が限られていて、ヨーロッパにはいない。その名の通り、ハシボソガラスよりも嘴が太く、体もやや大きい。近年市街地で増えているカラスは大部分がハシブトガラスである。アメリカを代表する crow はアメリカガラス（*C.brachyrhynchos*、英名 American crow）で、カナダ南部から米国全土を経てメキシシコまで分布する。アメリカでcrowといえば、ほとんどの場合、この種である。

その他の英語で呼ばれるカラスのなかでヨーロッパ人になじみの深いものとして、コクマルガラス類（jackdaw）とミヤマガラス類（rook）がいる。コクマルガラスもまた古くから知られ、アリストテレスの『動物誌』にkoloiosとして出てくる。『イソップ寓話集』にはイチジクの実が熟すのを待ち受けている空腹のカラスの話が愚行の喩えとしてでてくるが、このカラスもコクマルガラスである。ただし、単にjackdawあるいはEurasian jackdawと呼ばれ、ヨーロッパ全域と北アフリカから中央アジアまで分布するこのカラスは、標準和名ではニシコクマルガラス（*C.monedula*）とされ、コクマルガラス（*C.dauuricus*、英名Daurian jackdaw）という和名は東アジアに分布し、日本には越冬の際に訪れる種に当てられる。ヨーロッパのコクマルガラスの種小名monedulaはラテン語でコクマルガラスのことである。英名のjackは小型であることを表す接頭辞、dawは古い英語でのコクマルガラスの呼び名であったとされる。このカラスは人によく馴れ、物まねも巧みで、英国人に親しまれ、ホワイトは『セルボーンの博物誌』で、コクマルガラスの造巣行動についてくわしく述べている。また高度な社会的行動を見せ、コンラート・ローレンツの名著『ソロモンの指環』で主役的な役割を演じている。

ミヤマガラス（*C.frugilegus*）は、ユーラシア大陸全域の中緯度地帯に生息し、日本へは越冬のために飛来する。英名をrookというが、これはドイツ語のruchに由来する。種小名は「採餌する」という意味で、膨大な数の群れをなして採餌するさまを表したものだろう。『セルボーンの博物誌』にも、大きな群れをなし、ムクドリやコクマルガラスなどと混群をつくることが報告されている。ミヤマガラスの群生地を rookery と呼ぶが、これが転じて、アザラシやペンギンなどの群生地もルッカリーと呼ばれるようになったのである。

このほかにホシガラス属をいう nutcraker、ベニハシガラス属をいう chough という英語もある。一言にカラスといっても、その黒い羽色のように、なかなかに奥が深いのである。

野生のガチョウ　wild goose

野生化したガチョウというものがいないわけではないが、英語圏の自然に関する本でこれがでてくれば、たいていはハイイロガン（*Anser anser*）と訳してまちがいない。というのも、ヨーロッパのガチョウはハイイロガンを家禽化したもので、wild goose はガチョウの原種という意味なのである。goose（複数形 geese）はガン科（Anatidae）の総称、とくにマガン属の鳥を指す言葉でもあるので、単独で使われている goose は、はっきりと家禽であるとわかっている場合はガチョウで、そうでない場合はガン類と訳すしかない。したがって、wild goose を「野生のガン」

と訳すのが正しいときもある。

　ガチョウはニワトリと並んで歴史の古い家禽で、古代エジプトでは紀元前三〇〇〇年代からガチョウを飼養していたことが知られている。サッカラの共同墓地にある紀元前二〇〇〇年代の第六王朝の高官メレルカを祀った墳墓の壁画には、太らせるためにガチョウの口にイチジクなどの食べ物を押し込んでいる場面が描かれている。もちろんこれは肥大した肉や肝臓を食卓に供するためだった。ガチョウを無理矢理太らせるというこのエジプトのやり方はやがて地中海地方に伝わり、紀元前五世紀のギリシアの詩人クラティヌスが書いているのが、フォアグラに関する最古の記録とされている。一世紀のローマ人、プリニウスの『博物誌』には、肥大した肝臓を蜂蜜入りの牛乳に浸してフォアグラにする調理法をメッサリヌス・コッタという人物が発明したと書かれている。中国のガチョウは東アジアに生息するサカツラガン（*Anser cygnoides*、英名 swan goose）を家禽化したもので、嘴の付け根に瘤のような隆起がある点で、西洋のガチョウと区別できる。

　ハイイロガンを wild goose と呼ぶのは古い言い方で、現在の標準的な英名は greylag goose で、和名もこれにならっている。ハイイロガンはユーラシア大陸、アフリカ大陸の全体に分布し、北アメリカには迷鳥やガチョウから野生化したものが見られる。動物行動学者コンラート・ローレンツは、ハイイロガンを生涯の研究対象とし、ハイイロガンの卵をガチョウに育てさせることを通じて、刷り込み現象を発見した。ローレンツに最初に刷り込まれた鳥を「ガチョウのヒナ」と書いている本がときどきあるが、これは「ハイイロガンのヒナ」のまちがいなのである。

野生のgooseとして有名なものとしては、マガン（greater white-fronted goose）、コクガン（brent goose）、シジュウカラガン（canada goose）、カリガネ（lesser white-fronted goose）、ヒシクイ（bean goose）、インドガン（bar-headed goose）、ハクガン（snow goose）などがある。

ガチョウにまつわる神話や伝説は数多く、なかでも有名なのは『イソップ寓話集』に出てくる「ガチョウと黄金の卵」という話だろう。毎日一個ずつ金の卵を産むガチョウ（雌鶏とする異本もある）をもつ農夫が、一挙に金持ちになろうとしてガチョウの腹を割いたところ、なかに黄金はなく、ガチョウは死んでしまったという話で、強欲と短慮をいさめる寓話となっている。英国では"killing the golden goose"は、目先の利益に目がくらんで将来の利益を失うことを意味する。ガチョウと黄金との結びつきは「ジャックと豆の木」やグリム童話の「金のガチョウ」にも引き継がれ、ガチョウが黄金の卵を産むという伝説は数多くの国に存在する。

またガチョウが警備の役に立つという話もひろく伝わっている。この伝説のもとは、古代ローマにおいて、ガリア軍が不意打ちをしようとしたときに、ローマ人が聖なる鳥として飼っていたガチョウが騒ぎ立てて危険を知らせたというものである。この故事にちなんで、スコットランドのバランタイン社は一九五〇年代から、ダンバートンにあるウィスキー貯蔵庫の警備をガチョウの群れ（scotch watch）に委ねている。少しでも異変があるとガーガーとわめき立てるガチョウの群れは、おおいに警備の役に立っているらしく、以来、盗難はほとんどおこっていないという。

ちなみに、ここの白いガチョウの群れは、サカツラガンを家禽化した中国型のものだという。

ガチョウとならんで、食卓で人気のある家禽はアヒル（domestic duck）で、北京ダックはだれもが知っている高級中国料理だし、フランス料理でも高級食材だが、アヒル料理ではなく鴨料理と呼ばれるのが慣わしである（日本では食用目的で野生のカモを狩猟することは禁じられており、鴨肉として売られているもののほとんどはアヒルの肉か合鴨の肉である）。漢字で「家鴨」と書くように、アヒルは野生のマガモ（*Anas platyrhynchos*）を飼い慣らしたもので、数千年前の東南アジアで始まり、古代ローマ時代に西洋に伝わったと考えられている。なお、南アメリカでも独自に、ノバリケン（*Cairina moschata*、英名 muscovy duck）を家禽化したアヒルがつくられている。

ガチョウとハイイロガンの関係と同じように、wild duck はマガモを指すことが多い。単独の duck はカモ類（カモ科の総称で、とくにマガモ属を指すことが多い）を指すが、英名の duck は水に潜るという意味の古英語 ducan に由来する。野生の duck で代表的なものとしては、ツクシガモ（common shelduck）、オシドリ（mandarin duck）、カルガモ（spot-billed duck）、キンクロハジロ（tufted duck）、メジロガモ（ferruginous duck）、シノリガモ（harlequin duck）などがある。しかしカモ類のなかには duck 以外の名前をもつものも少なくない。たとえば、マガモ類の mallard、コガモ類の teal、ヒドリガモ類の widgeon、オナガガモ類の pintail、ハシビロガモ類の shoveler、ハジロ類の pochard、スズガモ類の scaup、ケワタガモ類の eider、クロガモ類の

scoter と多士済々である。

なお近年、日本人の食卓をにぎわすようになった合鴨《あいがも》は、アヒルとマガモあるいはカルガモを掛け合わせたもので、アヒルは飛ぶことができないが、合鴨は飛ぶことができるという大きなちがいがある。

隼狩り　falconry

これは鷹狩りのことである。日本語の鷹狩りは、調教したオオタカなどの猛禽を使ってウサギや鳥類を狩る狩猟法を指す。西洋ではハヤブサ類（falcon）を使うことが多かったので falconry という言い方になるだけなのだ。実際に英語で鷹狩りを hawking という場合もある。「鷹」というのは、何種かの猛禽の総称なので、ハヤブサも含まれることになる。

かつて鷲鷹目と呼ばれた現在のタカ目は、フクロウ目を除く猛禽類の集まりで、タカ科、コンドル科、ハヤブサ科、ミサゴ科、ヘビクイワシ科からなる。タカ目の学名（Falconiformes）は、直訳すればハヤブサ目とすべきところだが、日本ではタカがこの目を代表する種なのでタカ目とされる。最近のＤＮＡ解析を用いた遺伝分類学の結果、ハヤブサ類が他のタカ目と類縁が異なることが判明し、ハヤブサをハヤブサ目として分離し、それに Falconiformes の学名を与え、残りをタカ目（Accipitriformes）とする説が有力になりつつある。

タカ（hawk）とはいったい何を指し、ワシ（eagle）とどうちがうのだろう。じつをいえば日本語でも英語でも両者には本質的なちがいはなく、タカ目のうちで、科を問わず大型のものをワシ、タカ科の中型から小型のものをタカと呼んでいるだけなのである。すでにこの区別はギリシア時代からあり、アリストテレスは数種のワシ（aetos）とタカ（hierax）を区別していた。例外もいくつかあり、クマタカは大型であるけれども、タカ（ただし英名は eagle）と呼ばれているし、カンムリワシはタカと呼ぶのが相応しい大きさしかない。タカ目のなかで、特徴的な形態をもつグループはトビ（kite）、ノスリ（buzzard）、チュウヒ（harrier）という、独自の名前をもっている。

それでは鷹狩りの「鷹」にはどんな鳥が含まれるのだろうか。ここでは、もっとも広義のタカ（hawk）、つまり、タカだけでなく、ワシ、ハヤブサ、トビ、ノスリ、チュウヒがすべて含まれるのである。英国では、ハヤブサを使う鷹匠は falconer、タカやワシを使う鷹匠は austringer と呼ばれて区別された（現在では hawker ともいわれる）。

鷹狩りそのもの起源について確実な証拠はないが、数千年前にモンゴルから中央アジアあたりで発祥したのではないかと考えられている。かの地ではイヌワシ（golden eagle）がおもに使われている。それが、西暦四〇〇年前後に西洋に伝わったとされているが、ギリシア時代のアリストテレスの『動物誌』に野生のタカを狩りに利用する方法のことが述べられているので、素朴な形の鷹狩りはそれ以前にあったかもしれない。西洋では一三世紀に最盛期を迎え、このころハヤブサ類がおもに使われたために、falconryという言葉が生まれたのだ。中東からヨーロッパの鷹狩りでは、ほかにオオタカ(goshawk)や、ハイタカ(sparrowhawk)も使われた。雄のハイタカはmusket(日本ではコノリ。猛禽類は一般に雌の方が雄より体が大きいため、しばしば雌雄が別種と考えられて別の名前がつけられることがあった)と呼ばれる。このmusketはもともと石弓の矢のことで、のちに小型の砲としてのマスケット銃を意味するようになったが、ハイタカが小型の猛禽であるところから転用されるようになったのである。

日本の鷹狩りは四世紀に中国から伝えられ、貴族の遊びとして栄え、とくに江戸期には幕府や大名が鷹場を設け、管理する役所をつくるほどの最盛期を迎えるが、猟銃の普及にともなってしだいに衰退し、現在ではごく少数の鷹匠《たかじょう》が文化財的存在として残っているにすぎない。使う鷹はオオタカが主流であったが、明治以降、東北地方でクマタカ(mountain hawk-eagle)を用いる鷹狩りが一時期ひろまったことがある。現在では日本国内でのオオタカの捕獲が禁じられているため、輸入されたオオタカで伝統技術が継承されている。

現代の米国の鷹狩りではアカオノスリ(red-tailed hawk)やモモアカノスリ(Harris' s hawk)が使われることが多いのだが、このあいだ二〇年ほど前に出版されたある翻訳書を読んでいたとき、「長髪のキツツキをふるえあがらせる赤い尾の鷹」という訳にお目にかかった。正しくは「セジロアカゲラをふるえあがらせるアカオノスリ」とすべきところだが、単純な形容詞の組み合わせが誤訳を生む典型的な例にまた出合ってしまった。

象鳥　elephant bird

これは現在の世界には存在しない鳥だが、ファンタジーのなかの動物ではない。近世までマダガスカル島に存在した化石鳥で、学名 *Aepyornis* をそのまま英語読みにしてエピオルニスと訳すのがふつうである。学名はギリシア語の aius（高い）+ ornis（鳥）という意味で、最大で一〇メートルにもおよぶ長身（体高は三メートル）を表現したもので、日本語で「隆鳥」と訳されたこともある。

いつごろまで生き残っていたのか正確なところはわからないが、一世紀ころに東南アジアの島々からマダガスカル島に人類が進出して以来、徐々に個体数が減っていき、ヨーロッパ人が入植した一六世紀には、おそらくすでに絶滅してしまっていた。肉として狩られただけでなく、周囲一メートルを超える巨大な卵が食用に乱獲されたことが大きな原因であったと考えられている。

この巨大な鳥の存在は、一七世紀にマダガスカルがフランスの植民地になって以来、現地民の話から西洋人に知られるようになり、一六四八年から五五年までフランス東インド会社のマダガスカル島商館長をつとめたエティエン・ド・フラクールが帰国後出版した『大マダガスカル島誌』（初版、一六五八年）には、エピオルニスに関する現地民からの伝聞情報が含まれているという。

エピオルニスが『アラビアンナイト（千夜一夜物語）』の「シンドバッドの冒険」などに登場するロック鳥のことではないかという推測は、現在ではかなり確実なものとされている。物語のなかでは、差し渡し一六メートルにもなる翼をもち、肉食性で、ゾウを運ぶことができた（これから elephant bird という英名がきている）とされている。これらの点は、エピオルニスとは合致しないが、インド洋周辺で、これほど大型の鳥は、エピオルニスしか考えられない。ロック鳥伝説はインドからアラブ世界に起源するもので、マルコ・ポーロの『東方見聞録』に、中国からの帰途にマダガスター島（これがマダガスカル島であるという確証はないが）でロック鳥伝説を聞いたと書かれているからである。

一八五一年にフランスの動物学者ジョフロア＝サン・ティレール（一八〇五－六一）は、残されていた完全な骨格の化石からこれを鳥の一種であると同定し、*Aepyornis maximus* と命名した。この鳥が分類学上どのような位置づけになるかについては、いまでもなお論争があるが、走鳥類というグループに属するという点では一致している。このグループは古顎類と呼ばれ、現生鳥類のなかでもっとも原始的とされるもので、それ以外の現生鳥類はすべて新顎類となる。

走鳥類というのは、飛ぶことができず、走ることしかできない鳥という意味で、分類学的には平胸類（Ratitae）と呼ばれる。これは飛ぶための筋肉が付着する竜骨突起を欠いているために胸が平らに見えることを表している。しかし、この分類名も現在ではダチョウ目（Struthioniformes）に変えられてしまった。ダチョウ目の分類にはまだまだ細部で異論があり、今後も変更があるかもしれないが、現在多くの人に認められている説では、ダチョウ科、レア科、ヒクイドリ科、キーウィ科、それに絶滅したモア科とエピオルニス科が含まれる。ダチョウ科はアフリカに生息するダチョウ（ostrich）一種、レア科は南アメリカに生息する二種のレア（rhea）、ヒクイドリ科はオーストラリアに分布する三種のヒクイドリ（cassowary）とエミュー（emu）、キーウィ科はニュージーランドに生息する五種のキーウィ（kiwi）を含んでいる。絶滅したモア（moa）はニュージーランド、エピオルニスは先に述べたようにマダガスカル島に固有であった。

走鳥類すなわちダチョウ目に共通するのは大型の飛べない鳥で、南半球にのみ生息するという点である。空を飛んでこそ鳥だという考えがあるかもしれないが、世界には飛べなくなった鳥はダチョウ目以外にもたくさんいる。翼で飛ぶことの最大の利点は捕食獣からたやすく身を守れるということだが、翼をもつのにも、飛ぶのにもそれなりの出費が必要だ。もしまわりに敵がいなければ、無駄な出費を節約することができる。実際、捕食獣のいない島嶼の鳥にはしばしば飛ぶ能力を失ったものがいる。ドードー、ガラパゴスコバネウ、そしてクイナ類がその代表である。これらの鳥は翼をもっていたのに、使わないことによってしだいに退化していったのである。

ところが、走鳥類は竜骨突起のないことからして、かなり古い時代に翼を失ったグループのようなのである。とすれば、なぜ翼のない鳥が、南半球の全域におよぶこれほど広い地域に分散することができたのか。それを説明するのが、つぎのゴンドワナ仮説である。

一億五〇〇〇万年前の地球は、陸地は北半球のローラシア大陸と南半球のゴンドワナ大陸という二つの超大陸からなっていた。ゴンドワナ大陸は、現在の南アメリカ大陸、アフリカ大陸、アラビア半島、南極大陸、オーストラリア、マダガスカル、およびインド亜大陸を合わせたものであった。この年代以降、ゴンドワナ大陸はプレートの動きによってしだいに分裂していくのだが、ちょうどこのころに最初の走鳥類が出現したのである。

まず一億五〇〇〇万年前にインドとマダガスカルとアフリカのあいだに裂け目がひろがり、一億四〇〇〇万年前になると、南極大陸とインド、南極大陸とオーストラリアのあいだにも裂け目ができ、一億二〇〇〇万年前には、南アメリカがアフリカから離れはじめ、現在のブラジルあたりでだけつながった状態になった。八〇〇〇万年前には、マダガスカルとインドが分かれ、インドはそのまま北進してアジアにぶつかる。走鳥類はこのゴンドワナ大陸の分裂にともなって南半球の各大陸および島に分散していったというのである。

ごく最近におこなわれた(二〇〇八年)DNA塩基配列の研究から、走鳥類は従来考えられていたような単一の祖先に由来する単系統群ではなく、多系統群で、竜骨突起の喪失は、何度か独立に起こった可能性があると言われている。しかし、細部はどうあれ、走鳥類の進化がゴンドワナ大陸の分裂と密接なかかわりをもつことは疑いの余地がないのである。

＊

最後に飛べない鳥たちの話にたどりついたのだが、繰り返していうと、飛べない鳥の多くは島嶼性で、天敵がいないので飛ぶ能力を失ったわけである。もし、そうした島に捕食者が導入されればどういうことになるか、容易に察しがつくはずだ。抵抗する術をもたない鳥たちは、たちまちのうちに絶滅の淵に追いやられる。ここで述べたエピオルニスやモアだけでなく、数多くの鳥が入植してきた人間や、人間がもちこんだ哺乳類の餌食になって絶滅した。

インド洋上のモーリシャス島にすんでいた飛べない大型のハトであるドードーは、大航海時代に人類が発見してからわずか一〇〇年たらずで絶滅させられた。北極圏に生息した飛べない海鳥オオウミガラスは、乱獲が原因で一八五〇年代には絶滅してしまった。島嶼性のクイナ類には、一六世紀以降に絶滅した種が二〇種を超えるだけでなく、現在でも多くの種が絶滅危惧種となっている。

こうした飛べない鳥たちは、鳴いたために猟師に撃たれたわけではなく、それまでいなかった捕食者が突然、現れたことによって命を奪われたのである。彼らはあれよあれよという間に、白鳥の歌を歌わされる羽目になったのだ。

4章　一寸の虫にも五分の魂

相手を卑しめるときに「虫けら」という言葉が使われることからもうかがえるように、小さな動物たちは獣、鳥、魚などの大きな動物よりも低く見られ、言葉の上でもないがしろにされてきた。とりわけ欧米人は、小さな動物に対する関心が乏しい。英語では、多くの無脊椎動物がひとからげにされ、worm, bug, snail, wasp, beetle, fly とかいった総称語でくくられている。翻訳に際しては、その正体をみきわめる努力をしないと、誤訳の泥沼にはまりこんでしまうことになる。

ミミズ　worm

翻訳の際に、この worm が出てくると、どう訳せばいいものかといつも頭が痛い。いつもミミズと訳してすましてはいられないのだ。ミミズが worm であるのは確かだが、worm はそれ以外のさまざまな動物を指していることもあるからだ。earthworm と書かれていればまちがいなくミミズなのだが、ただ worm だけなら、そうとは限らない。ロングマンの英語辞典では、「a small thin creature with no backbone or limbs, like a round tube of flesh」とあるが、日本語で簡単に言えば、「細長くて、背骨も手足もなく、くねくね動く小さな虫」のことである。ヘボンの『和英語林集成』で「虫」に対して当てられている英語は、insect、worm、bug の三つである。insect はいうまでもなく昆虫、bug は worm とは呼べない小型の節足動物、とくに甲虫類を指す。したがって、日本語でふつう「虫」と呼ばれる動物で、昆虫以外のものは、ほとんどが worm なのである。

「虫」がもともとはマムシ類を指し、正字である「蟲」は、本来は動物全般を指す言葉であったのが、「蟲」の略字として「虫」が使われるようになったとき、鳥、獣、魚介に入らないその他の動物を一切合切ほうりこむカテゴリーとなったとされる。そういう歴史的な経緯があるため、「虫」のなかに worm も含まれることになる。

ところが逆は真ならずで、worm を単に虫と訳すと誤解を招くことになる。worm に厳密に対応する日本語として、「蠕虫類《ぜんちゅう》」という立派な訳語がある。しかし、これはほとんど死語となった学術用語で、現在では例外的に寄生虫学で、線虫類、吸虫類、条虫類の総称として使われているだけである。日常用語として蠕虫が使われることはめったにないので、一般向けの本の翻訳では、よほどのことがないかぎり使いたくない。どの動物を指しているのかが具体的にわかれば、ふつうの日本語に訳したほうがわかりやすい。たとえば、分子生物学者はエレガンス線虫のことを単に worm と呼ぶので、その手の本ではそれがわかるように訳さなければならない。調べずに横着をしてミミズと訳してしまえば、まちがいになる。釣りの餌に worm を使うとあれば、それはゴカイやトビケラの幼虫と訳した方がいい場合がある。腹の虫のことを話しているならば寄生虫と訳していいし、単に虫と訳していい場合もある。

そもそも「蠕虫類 Vermes」という言葉を最初に使ったのはリンネで、彼は節足動物以外の無脊椎動物を全部ひっくるめてこのグループに入れたのである（リンネの『自然の体系』では、現在でいう軟体動物や棘皮動物も蠕虫類に含まれていた）。その後、整理されて、無脊椎動物のうち、左右相称で細長い体をもち、関節肢をもたず、神経系の分化もないものを総称するグループ名として用いられるようになり、蠕形動物という言い方もされた。しかし、分類学の発展とともに、蠕虫類が雑多な動物門の混ざった人為的な分類群であることが明らかになり、現在では、正式な分類名として用いられることはない。ここには、鰓曳《えらひき》動物、環形動物、舌形《ぜっけい》動物、線形動物、鉤頭《こうとう》動物、扁形動物、類線形動物などが含まれ、おまけとして、昆虫の幼虫など一部の節足動物が含まれる。

実際に英語で worm と呼ばれる動物の例としては、まずミミズとその仲間であるゴカイ類（rag worm, sand worm）、ヒル類がある（環形動物）。第二には、昆虫の幼虫で、毛虫（wooly worm）、カイコ（silk worm）、ミノムシ（basket worm）、トビケラの幼虫（caddice worm）などである。第三に、腸内寄生虫（intestinal worm）で、吸虫、条虫（扁形動物）と回虫、蟯虫《ぎょうちゅう》（線形動物）を指す。第四に、その他の無脊椎動物で、半索動物のギボシムシ（acorn worm）などがその例である。

もう一つの「虫」であるbugは、体形が丸く、脚をもつ無脊椎動物を指すことが多い。まず小型の昆虫、とくに甲虫に用いられ、コガネムシ（may bug）や水生昆虫（water bug, aquatic bug）というような使い方がなされる。第二に、とくに害虫というニュアンスで、ナンキンムシ、ゴキブリ、ノミ、シラミを指す。第三に、ダンゴムシ（sow bug, pill bug）のような、その他の節足動物を指す。第四に、第二の意味から転じて、病原体や黴菌《ばいきん》という意味でも使われる。

wormもbugも人間にとってはあまり好ましい印象を与える言葉ではなく、侮蔑的なニュアンスで使われることが少なくない。どちらも、悪い印象を引き継いだまま、コンピューター用語として転用されている。ワームの方は寄生虫のイメージから、コンピューター・ウイルスの一種として、バグの方は、正常な機能を損なうというニュアンスでプログラム上の誤りや欠陥を指す。バグを見つけて取り除く作業をデバッグ（debug）、すなわち「虫取り」と呼ぶが、この言葉を最初に使ったのは、コンピューターのリレーのあいだにはさまっていた本物の虫を物理的に取り除いた技術者だったという逸話がある。

ニンフ　nymph

　ふつうなら nymph は、ニンフあるいは精霊と訳していいのだが、昆虫については若虫と訳さなければならないときがある。トンボ、バッタ、セミ、シロアリなど不完全変態をする昆虫の幼虫（とくに終齢幼虫）を英語で nymph と呼ぶからである。そうした幼虫は、体が小さいだけで、成虫と同じような形をしているか内部に成虫の形態をもっており、何度かの脱皮ののちに成虫になるので、いったん蛹の時期を経て成虫になる完全変態昆虫の幼虫（larva）と区別するために若虫と呼ばれるのである。しかし、通常日本語では nymph でも幼虫と訳されることが多く、とくに若虫という言葉が使われるのはトビケラやカゲロウなどの水生昆虫の幼虫に対してだけである。これら水生昆虫の幼虫は、川の魚にとって絶好の餌なので、釣り人はこれに似せた疑似餌《ルアー》を使用するが、これもニンフと呼ばれる。

　ニンフはもちろん、ギリシア神話に登場する精霊のことで、ギリシア語風に発音するとニュンペーとなる。ニンフはふつう美しい乙女の姿をし、山や森や川を守っているとされる。水生昆虫の若虫をニンフと呼ぶのは、それが清流の動物であることと、やがて変態して美しいカゲロウやトンボになることからの連想であろう。水生昆虫の幼虫には、naiad という別名もあるが、これもギリシア神話の水の精《ニンフ》、ナーイアス（英語ではナイアッド）のことでもある。

　ほかにニンフの名をもらっている昆虫として、タテハチョウ科（nymphalodae、英名

nymphalid）のなかのチョウがあり、そのなかのキベリタテハやヒオドシチョウは*Nymphalis*（タテハチョウ属）という属名をもつ。またこの科のオオゴマダラの英名はtree nymphである。ジャノメチョウ類（亜科）の英名はwood nymphであり、日本のジャノメチョウ（*Minos dryas*）の学名の種小名はギリシア神話のニンフの一つである木の精ドリュアス（英名ドリアッド）のことで、ジャノメチョウの英名はdryadである。

幼虫のふつうの英語はlarvaだが、種によって異なった名で呼ばれることがある。ハエの幼虫はmaggot（蛆）と呼ばれ、この単語は唾棄すべき相手に投げかける罵倒語にも転用される。正体不明の幼虫はたいてい前項で述べたwormですまされるが、チョウやガの幼虫には芋虫（caterpillar）という特別の言葉がある。戦車や建設機械のカタピラは、芋虫の動きから名づけられたものである。芋虫のうちアゲハチョウの幼虫のようにきれいな緑色を呈するものはgreen caterpillar（青虫）と呼ばれ、ガ類の幼虫のように全体に多数の毛が生えたものをhairy caterpillar（毛虫）と呼んで区別する。シャクガ科の幼虫は独特の移動運動をおこなうので、日本では「尺取り虫」と呼ばれるが、英語でもlooper、loop-worm、geometerなどの呼び名がある。前の二つは輪（ループ）をつくりながら前進する姿を現したもの。geometerは幾何学者という意味で、その動きを長さの計測をしている幾何学者にたとえたものである。カの幼虫は日本語ではボウフラという特別な名をもつが、英語では、mosquito larvaもしくはriver wormと呼ばれるだけである。

nymphは植物の世界にも登場し、スイレンは英名water lilyだが、water nymphとも呼ばれ、ギリシア神話では、恋に破れて池に身を投じたニンフがスイレンに化身したとされている。それゆえスイレン属の学名は *nymphaea* である。恋いこがれる乙女は、保守的な人々にとっては淫乱と受け止められたのであろうか、ニンフは、女性の過剰性欲と結びつけられ、哀れにも、色情狂を意味するニンフォマニア（nymphpmania）という言葉さえつくられてしまった。

ウマバエ　horse fly

これは明らかな誤訳で、この英語が指すのはアブ類のことである。アブは吸血性のハエで、カと同じように雌だけが産卵のために哺乳類の血を吸うが、ふだんは花粉や花蜜をエネルギー源にしている。血を吸う相手はウマ、ウシ、ヒトを含めて、あらゆる哺乳類におよぶ。英名とちがって、日本のアブの代表はウシアブで、ウマアブという和名をもつものはいない。ただし、一部の地方では、アカウシアブのことをウマアブと呼んでいるようだ。

ウマバエという和名で呼ばれているハエは別にいて、その英名は botfly であるが、これがまた厄介なのである。小さな英和辞書では単に「ウマバエ」になっているが、大きな辞書では、ヒッジバエ、ウシバエを含むとなっている。botというのは、哺乳類の皮膚下に寄生する（腸や鼻腔に寄生するものもいる）ハエの幼虫を指し、botfly（warble fly ともいう）は分類学的にはヒツジバエ科（Oestridae）の寄生バエの総称である。

現在ヒツジバエ科は五つの亜科に分けられていて、全世界で一五〇種ばかりが知られているが、ほとんどが南北アメリカ大陸に生息し、日本では数種しか知られていない。さまざまな家畜類に被害を与えるので、牧畜業者の大敵とされる。

ヒツジバエ亜科のヒツジバエ（sheep botfly）はヒツジの鼻腔に産卵し、幼虫が寄生してハエ幼虫症を引き起こす。

ヒフバエ亜科には、しばしば「ウシバエ」という俗称で呼ばれるが、標準和名をウシヒフバエ（cattle botfly）というハエが含まれる。この亜科には同じ属でウマに寄生するキスジウシバエや、トナカイに寄生するトナカイヒフバエ caribou botfly、別属でナキウサギやネズミに寄生するナキウサギヒフバエなどがいる。ここで、面白いのはトナカイヒフバエで、北極圏でトナカイを放牧して生活している人々のあいだでは、トナカイを屠《ほふ》るときに、皮膚にいるこの幼虫を集めて食べるという風習があることだ。タンパク質、脂肪、塩分を大量に含んでいるために珍重されるらしい。

ウマバエ亜科には、問題のウマバエをはじめとして、アカウマバエ、アトアカウマバエ、ムネアカウマバエなど数種が含まれる。ウマバエ類（horse botfly）の幼虫はウマの消化管内に寄生して、消化不良や栄養障害をもたらし、ときには、胃穿孔や胃破裂を引き起こすだけでなく、前脚の骨に寄生するのもいて、牧場主にとって頭の痛い存在である。

ウサギヒフバエ亜科には、ウサギのほか、齧歯類、イヌ、ネコなどに寄生するウサギヒフバエrabbit botflyと、ヒトおよび霊長類につくヒトヒフバエhuman botflyが含まれる。ヒトヒフバエは、メキシコおよび中南米に生息し、現地語でトルサーロ（torsalo）と呼ばれる。成虫雌はカの腹に卵を付着させ、カがヒトの血を吸うときに体温に反応して落下し、孵化した幼虫はカの刺した穴から皮膚下に入り込み、そこで八週間ほど経ってから脱出して、蛹になるという。

シカヒフバエ亜科には、シカ科の動物の鼻腔および咽頭に寄生するシカヒフバエ（deer botfly）や同属でトナカイの鼻腔に寄生するトナカイハナバエ（nostril fly）が含まれる。シカヒフバエの成虫には面白いエピソードがある。一九二七年にC・H・タウンゼンドという昆虫学者が、このハエが時速一二八キロメートルで飛ぶ世界最速の昆虫だという報告をし、ギネスブックにも載ったのだが、のちに、ノーベル化学賞の受賞者であるアーヴィン・ラングミュアが、そんなことは物理学的にありえないと批判し、この記録は撤回された。現在では時速八〇キロメートルという値が出されている。

これだけ多様な種がみなbotflyなので、これをウマバエやウシバエと訳してしまうのはいかにも乱暴で、私の個人的な意見では、botflyを総称名とするときには、ヒフバエ類とするのが適切ではないかと思う。

いずれにせよ、もっぱら寄生する哺乳類は決まっているものの、条件にさえ恵まれれば、ほかの哺乳類に寄生することができる。上記のヒフバエ類のほとんどでヒトに感染した例が知られている。ユクスキュルは『生物から見た世界』において、ダニが体毛と体温と酪酸のにおいによって、寄生する対象（哺乳類）を選んでいると書いているが、これらのヒフバエ類もたぶん、似たようなことをしているのだろう。哺乳類というのは、私たち人類にとっては抽象概念にすぎないが、寄生する側の動物にとってはきわめて具体的な実体なのである。

人間も動物、ことに哺乳類であることを実感させられるのは、人獣共通感染症と呼ばれる病気にかかったときだろう。人類が悩まされている伝染病の大半は野生動物に由来するものである。すべては人類文明が野生動物の生息域に入り込んだことに起因する。ペストはネズミの病気だったし、結核はウシの病気だった。これらの病気は細菌が病原体だが、最近とくに問題になっているのが、ウイルス性の病気である。細菌性の病気は抗生物質によって原理的に克服できるのだが、ウイルス性の病気は、ワクチンを除いて、簡単な特効薬がないので厄介である。ウイルス性の伝染病は、狂犬病やインフルエンザにはじまって、西ナイル熱、エボラ出血熱、ＳＡＲＳ、マールブルグ熱、そしてエイズなど枚挙にいとまがない。こうした病気がなによりも厄介なのは、人間の伝染病を治療することができても、病原体をもつ野生動物を治療するのがむずかしいからである。つねに潜在的な病原体の貯蔵庫を抱えているようなものなのだ。どんなに人類社会が発達しようとも、動物との進化的な絆を断ち切ることは簡単にはできないのである。

ジガバチ　wasp

これも頭の痛い英語である。一般に日本語のハチに相当するものは、wasp と bee に大別される。ほかにハバチ類の sawfly とキバチ類の horntail というのがあるが、こちらはまぎれようがないので問題にならない。厄介なのは wasp と bee である。

実をいうと、ハチ類（分類学的にいうと、膜翅目のなかでアリ類以外のすべての種）のなかで、ハバチ類とハナバチ類を除くすべてのハチが原則として wasp と呼ばれるのである（ただし、ごく一部にヒメバチ類のように fly と呼ばれるものもいる）。したがって、wasp を「これこれの特徴をもつもの」というふうに、積極的に定義することはできない。単独性のものもいれば社会性のものものもいる。捕食性のものも寄生性のものもいる。巣にしても、自前の巣をつくるものから、地面や枯れ木を掘るものもいて、種々雑多である。

英語で wasp と呼ばれるハチを含む二大グループは、スズメバチ類とジガバチ類である。スズメバチの仲間（スズメバチ上科）には、アリ科やアリバチ科も含まれるが、なんといっても主役はスズメバチ科である。科の学名 Vespidae は、ここに含まれるアシナガバチ属の学名 *Vespa* に由来するものだが、これこそ wasp の語源となったラテン語である。ところが現在では単に common wasp といえば、スズメバチ属を指すようになり、アシナガバチ属の方は、樹皮の繊維から和紙状の素材で巣をつくるところから paper wasp と呼ばれることになった。スズメバチ類には hornet や yellow jacket という別の呼び名もあるが、いずれにせよ大型の社会性の狩りバチで、その獰猛さはしばしばハナバチ類だけでなく、人間にとっても脅威である。このほかにファーブルの『昆虫記』で有名なクモを捉えるベッコウバチ類もこの上科に属するが、その英名はずばり、spider hunting wasp である。

もう一つの典型的な wasp はジガバチ類 thread waisted wasp である。この仲間はハナバチ類とともにジガバチ上科を構成しているのだが、ハナバチ類とちがって単独性の狩りバチが多い。他の昆虫を狩って幼虫の餌にするのである。英名をもつものとしては、セナガアナバチ（cockroach hunting wasp）、キスジジガバチ（sand wasp）、ハナスガリ（bee wolf）などがいる。

というわけで wasp とあれば、ジガバチあるいはスズメバチと単純に訳すわけにはいかないのである。種名がわかればそれを当てればいいわけだが、それがわからないときには、集団をつくるものであればスズメバチ類、単独性であればジガバチ類くらいで逃げるほかないだろう。

ハチを表すもう一つの単語 bee は、ふつうミツバチ（honeybee）であることが多いが、ハナバチ類一般の総称としても用いられる。つまり bee はミツバチとはかぎらないのである。コハナバチ（sweat bee）、ヒメハナバチ（mining bee）、クマバチ（carpenter bee）、シタバチ（orchid bee）、ツツハナバチ（mason bee）、ハキリバチ（leafcutter bee）、マルハナバチ（bumble bee）はみなハナバチ類、すなわち bee なのである。ハナバチ類は食べ物を昆虫から、花粉、蜜、葉など植物性のものに変えた狩りバチ類なのである。その進化の筋道について知りたければ、故坂上昭一氏の名著『ミツバチのたどった道』を読んでいただきたい。

ハナバチ類は食物を得るために花を訪れるという習性のために、植物の受粉を助ける媒介者（pollinator）となり、共進化を通じて、ランをはじめとする美しい花をつくりだすことに役立ってきた。それだけでなく、とくにミツバチは人類によって家畜化され、蜜やロイヤルゼリーを提供するだけでなく、パイナップルをはじめとする多くの果樹や作物の結実にも不可欠な存在になっている。ミツバチが果たしている役割の大きさは、二〇〇六年あたりから起こった、北半球での大量のミツバチ消失がもたらした騒動からもうかがい知ることができる。

花粉媒介者としてハナバチ類以外には、ハチドリ類とタイヨウチョウ類、そして花蜜食のコウモリ類くらいしか見あたらない。もっとハチを大事にしなければいけないのである。

いずれにせよ、bee とあれば、機械的にミツバチと訳すわけにはいかないことが、おわかりいただけるだろう。ところが実際の翻訳書では、ハナバチ類と訳すべきところをミツバチと訳している例はいっぱいあるし、同様に wasp を単純にジガバチやスズメバチと訳している例もよくある。どう訳すべきかは本当にむずかしいのだが、「ハナバチ類以外のハチ類」という意味で使われていることもあり、状況に応じて訳しわける必要がある。

こうした類の誤訳でもっとも目につくのは beetle で、これは鞘翅目（文部科学省の改悪案にしたがえば、コウチュウ目）の総称であって、甲虫と訳すべきものだ。これをカブトムシと訳すのは明らかな誤りである。カブトムシも甲虫ではあるが、あえてこの類を指すときには、

rhinoceros beetleと言わなければならない。甲虫には、カブトムシ以外に、クワガタムシ、カミキリムシ、ホタル、テントウムシ、ゾウムシ、オサムシ、ゲンゴウロウなど多士済々な昆虫が含まれるのであり、それらをひっくるめてカブトムシというのは、あんまりと言うべきだろう。

ウミウサギ　sea hare

これは正しくはアメフラシ類のことである。アメフラシ類は軟体動物腹足類（巻き貝）のうち、貝殻が退化しているので「身を守る楯をもたない」という意味で、無楯類と呼ばれるグループを指す。アメフラシという和名は、これを殺すと雨が降るという俗信と、触ると紫色の液を噴出するのが雨のように見えるという事実があいまってできたようである。英名は頭部の二本の突起をウサギの耳に見立てているのである。突起をウシの角に見立てればウミウシという言い方もできるわけで、福岡県など一部の地方では、アメフラシのことをウミウシと呼んでいる。

しかし標準和名としてのウミウシは、アメフラシに近い仲間ではあるが別の裸鰓《らさい》類と呼ばれるグループに使われている。ウミウシ類は貝殻を完全に失っているか極度に退化しているために体がむきだしになっているところから裸鰓という名が与えられている（注意しなければいけないのは漢字で海牛と書く場合は「カイギュウ」と読み、こちらはジュゴンとマナティを含む哺乳類の一目を指す）。ウミウシ類の英名は sea slug で、海のナメクジという意味である。

ウミウシとアメフラシは非常によく似てはいるが、例外はあるものの、いくつかの大きなちがいがある。一般にウミウシ類は植物食性のものもいるが、イソギンチャク、カイメン、コケムシ、ホヤなどの無脊椎動物を食べ、派手な色彩をもつものが多い。派手な色彩をしている種のなかには体に毒を貯えているものがいて、警告色になっているのかもしれない。ただし、鮮やかな色彩はサンゴ礁においてはかえって隠蔽色になるという説もある。それに対して、アメフラシの方は海草を食べて、地味な保護色をしたものが多い。外敵に襲われると、紫色や乳白色の液を分泌するものが知られていて、とくにインド洋産のもので液に強い毒があることが古くから知られていて、プリニウスの『博物誌』（第九巻七二節）などにも、そのことが記されている。なおカリフォルニア産のジャンボアメフラシ（*Aplysia californica*）は巨大な軸索をもつために神経生理学の実験動物として重宝され、ゲノムの全塩基配列が解読されている。

sea hare をウミウサギと訳すのはまちがいだが、ウミウサギガイ（英名 egg cowrie）という名をもつれっきとした巻き貝が別にいるのを忘れてはならない。こちらはいわゆる「宝貝」の仲間で、ウサギの名はその真っ白な貝殻の色に由来する。生きているときには真っ黒な外套膜の内部にこの美しい貝殻が隠れているが、サンゴを食害する貝として有名である。ウミウサギガイの貝殻はメラネシア地方など、南太平洋諸島では珍重され、首飾りや腕輪などにされるという。この仲間の貝を愛好するコレクターは多い。

　海の無脊椎動物に関して、日本語は豊かな名前をもっているが、英語では語彙がきわめて乏しく、おおかたは陸上の生物に見立てて、「sea ○○○」とされる。たとえば、イソギンチャクは sea anemone、ウミユリは sea lily、ナマコは sea cucumber（海のキュウリ）と植物に喩えられている。ウニは sea urchin で、この urchin はハリネズミ（ハリネズミのラテン語 ericius に由来）のことである。またホヤの sea squirt は、「海の噴水」の意で、手で触ると水を吐く習性を捉えている。

　一方、海の無脊椎動物には、魚でもないのに fish がついているものがあるので、注意が必要である。こうした場合の fish は魚ではなく、「海の生物」という意味である。漢字でも鮑《アワビ》や鮹《タコ》といった魚偏の無脊椎動物がいるのと同じことだ。Jellyfish はクラゲ類のことで、クラゲをつかんだ経験がありさえすれば、この英名の由来を説明する必要もないだろう。別に medusa（ギリシア神話のメドゥーサ）、sea nettle（海のイラクサ）という言い方もある。ヒトデ類を starfish と呼ぶのも、その形からただちに理解できる。shellfish は殻をもつ水生動物の総称で、貝類と甲殻類を指し、魚介類（fish and shellfish）という使われ方をすることが多い。コウイカ類は cuttlefish と呼ばれるが、これはイカ類を表す古英語 cudele に由来するらしい。タコは octpus という立派な英名をもっているが、devil fish という心ない呼び方をされることもある。

遺存種　relict

生物学ではこう訳されることが多いが、残存種とも訳される。relictそのものは、場合によって訳し分けなければならない面倒な単語である。relicと同義で、歴史的な文脈で「遺跡」や「聖遺物」と訳すべき場合もあれば、地質学や植物地理学では「残存」とか「残留」と訳されることもある。生物学でいう遺存種とは、かつては地球上の多数派（数の点でも、分布の広さの点でも）であったが、現在では少数派として、限られた個体数が限られた場所にわずかに残っているような種（あるいは近縁グループ、または生物相）のことである。

遺存種ができるのは進化の結果であり、でき方にはいくつかのパターンが考えられる。一般的な種の衰退は自然淘汰の結果と考えていいが、人間による乱獲などによって個体数が減少し、絶滅に追いやられた生物も多い。そうした場合、人間の入り込めない場所に生き残った（あるいは絶滅寸前に人間が保護の手を差し伸べた）個体群は、遺存種になる。地球が寒冷化していたときに広い範囲に分布していた種は、環境の温暖化によって生息できる場所が狭められ、高地や極地などに分布が限定された遺存種となる。近縁の種のほとんどが多様な形態に適応放散していくなかで、古い形態を維持したままで生き残ったために遺存種となる場合もある。近縁の種のほとんどが進化の過程で絶滅してしまったのに、特殊な環境（深海、洞窟、極地、砂漠、孤島）にすんでいるために生き残り、結果として太古の形態をとどめたまま、生き残って遺存種となる場合もある。

この最後のグループは、しばしば「生きている化石（living fossil）」と呼ばれる。「生きた化石」とも訳されるこの言葉は、誤解を生みやすい。化石が生きているなどということはあるはずがなく、もう絶滅して化石としてしか残っていないだろうと思われる種と非常によく似た種が見つかったときに、使われる表現である。この言葉を最初に使ったのはチャールズ・ダーウィンで『種の起原』、第四章でこう述べている。「淡水には、カモノハシや肺魚（レピドシレン）のごとく、現在の世界では非常に型破りといえるような生物がいくつか見つかる。こうした動物は、化石と同じように、自然の物差し上で遠くかけ離れた位置にあるグループどうしを、ある程度まで関連づけてくれる。そうした型破りな生物は生きている化石と呼んでもいいだろう。彼らは、かぎられた地域に生息し、厳しい競争にさらされることがなかったゆえに、現在まで生きながらえてきたのである」（原著四九頁）。

「生きている化石」をめぐる最大の誤解は、そうした生物が進化することなく生き残ってきたという言い方である。たとえばシャミセンガイでは約四億年前、カブトガニでは約二億年前の地層から、よく似た姿をした化石が見つかる。しかし彼らは何億年前からそのまま生き残ってきたわけではもちろんない。一個体せいぜい一〇年前後の寿命しかなく、連綿と世代の交代をつづけてきているわけである。形が何億年も変わっていないのに進化しているというのはおかしいという声が聞こえてきそうだが、おかしくはないのである。

実際に化石と、「生きている化石」を比べてみれば、細かいところではちがいがたくさんある。全体的な見かけの類似が大きいことに目を奪われすぎているのだ。そもそも、古生物学者には形態しか判断材料がないので、それを手がかりにして種を判別（同定）する。したがって、古生物学者はふつう属のレベルまでの判別しかできず、種名まで記載されることはほとんどない。巷に流通している恐竜の名前は、すべて属名なのである。逆に言えば、古生物学者にとっては、形が似ていれば同種ということになる。

ところが分子レベルで見れば、着実に進化は起こっているのであり、現代の遺伝進化学の常識では、一つの種の寿命は全生物を通じての約三〇万～三〇〇〇万年と言われている。つまり、それくらいの時間がたてば、変異の蓄積によって別の種に進化していくと考えられているのである。しかし、他の種は大きな形態的変化をとげているのに、「生きている化石」はなぜ、形がそれほど変わらなかったのかという疑問が残る。多くの人が誤解しているのだが、進化は進歩ではない。分子進化は確率的に遺伝情報を書き換えていくだけのことであり、それによってもたらされる変化が適応的であれば、自然淘汰を通じて生き残るだけのことなのだ。自然淘汰はある意味で環境による適応度チェックと言えるわけで、ふつうは地質的な時間の経過につれて環境そのものが変わっていくので、種はそれに応じて変化することが進化となる。しかし、ダーウィンが述べているように、（環境変化の乏しい）限られた地域にすむものは、変化をしなくても生き延びることができるというだけのことなのだ。喩え話をすれば、文明から隔絶した奥地に隠れ住んでいた狩猟採集民が、何十万年前の人類とあまり変わらない生活をつづけることができたのと同じことなのである。人類の適応はおおむね文化的なものだったから肉体的な変化は起きなかったが、もしそうでなければ、彼らは「生きていた化石人種」となっていたかもしれないのである。

＊

生物学的に言えば、たとえ体長が一寸どころか何十センチメートルあったとしても、虫に魂があるとは考えられない。魂あるいは心をどのように定義するかによりけりだけれど、原初的なものでさえ、脊椎動物にならなければまず無理だろう。神経系の構造からして、独自の思考をなせるようなものではないからである。

しかし、もし小さな虫の一匹一匹に心があるとすれば、アリやハチなどの社会性昆虫の滅私奉公的な利他行動に疑問をもつものもでてくるだろうし、人間の腸のなかで一生を送らなければならない寄生虫のなかには、空しさに自殺してしまうものがでるかもしれない。それよりイモムシの体内に卵を産み付け、かえった幼虫が生きたままのイモムシの体をむさぼり食うヒメバチは、生きるためとはいえ、自らの残虐非道なおこないを、どのようにして納得させることができるのだろう。ダーウィンはこのような残酷な生き物が神の御業であるとは信じることができないと嘆いたのである。

5章　智に働けば角が立つ

「少年老い易く学成り難し」という格言を英語で言えば、Life is too short to be stupid、つまり、「馬鹿ばっかりやってるとあっというまに人生終わっちゃうよ」ということなのだ。勉強するなら若いうちで、我が身を省みても、歳をとると記憶力も気力も衰えて、さっぱり進歩がない。しかし世間では、学歴が尊重されるほどに学識そのものが評価されることはない。少し勉強して知恵のついた人間が理屈を並べると、「頭でっかち」だとか、「現実がわかっていない」とか、はては「本など読んで暗いヤツ」だとか言われて煙たがられるのがおちで、つまり智に働けば角が立つのである。学問などというものを論じるだけでも疎まれるのに、学問の歴史などを論じるのは偏屈の極みかもしれないが、学問分科の名前は歴史があるだけに翻訳でつまずきやすい。生物学がらみで、いくつか典型的な例を取り上げてみたい。

自然の経済　economy of nature

これは非常に訳しづらい成句である。economy は経済で、economics は経済学に決まっているだろうと思う人がいるかもしれないが、どっこいそうではないのだ。economy の語源はギリシア語の「家」を意味する oikos と「管理」を意味する nomos で、合わせて「家計」ということになる。ちなみに oikos は、次項で述べる ecology の語源でもある。現在の英和辞書で economy には、「節約・倹約」「経済・家計・財政」「理法・秩序」「摂理・経綸」といった訳語が当てられている。これだけの意味がどうして一つの単語から出てくるのか、その理由を知る必要がある。

語源からわかるように、原義は「家計」あるいは「家政」である。この意味での economy という単語がはじめて使われたのは、一五世紀の修道院の家計つまり経営管理においてであったとされる。家計の極意はやりくり、無駄をなくし必要不可欠な支出だけに抑えるということで、そこから節約・倹約という意味が出てくる。一方で、財産管理という意味が拡大されて、管理一般、経済行政という意味をもつようになった。節約は無駄がないということであり、整然たる体制や秩序の証でもある。一方で神学者たちは以前からラテン語の oeconomia を「神の定めた秩序」「神の摂理」という意味で使っていたこともあって、一七世紀ころには economy が「神の英知による自然の秩序」を表す言葉となっていた。

近世において博物学者が、economy という単語をどう使っているかを、ギルバート・ホワイトの『セルボーンの博物誌』（一七八九年刊行）で見てみよう。全部で、七か所ほど economy という単語が出てくるが、最初は、economy of providence（第一巻、第一七信）で、オタマジャクシがカエルになると尾が消え、脚が出てくることが、驚嘆すべき「神の摂理」だという使い方である。二つ目は動物の economy（第一巻、第三三信）という用法で、properties、propagation、conversation などと並列されているので、非常にうまくできた「体のつくり」、すなわち体制を指しているようである。三つ目は domestic economy（第二巻、第二六信）で、これは文字通り家計で、ここでは「日常のやりくり」というような意味合いである。四つ目は rural economy（第二巻、第二六信）で、「田舎のつましい暮らしぶり」、あるいは「田舎の経済観念」といったところだろう。五つ目が本命の economy of nature（第二巻、第三五信）で、これについてはあとで詳しく論じよう。六つ目はコオロギの economy を調べる（第二巻、第四六信）という用法で、ここも「体のつくり」を意味している。最後もまた domestic economy（第二巻、第四八信）だが、前後の文脈から、「日々の暮らし」「日常生活」というほどの意味のように思われる。このように、当時にあっては、今日の「経済」という使われ方はほとんどされていないのである。

そこで問題の economy of nature だが、この成句は一六五八年に英国のチャールズ一世の廷臣、サー・ケネルム・ディグビー（一六〇三－六五）がはじめて使ったとされ、神が被造物である自然をいかに巧妙に統御しているかということを表す言葉だった。これが世間に流布するにあたってリンネの論文 "Oeconomia Naturae"（一七四九年）が大きな役割を果たした。このラテン語の表題が意味するところは、あらゆる生物が相互に密接に関連しあっていて、すべてに無駄がない。多すぎる草食動物の子供は肉食動物の餌になるように配剤されているのであり、余分なものも足らざるものも一つとしてない。そうした秩序によって自然の平衡が保たれているということであった。当然のことながら、そのように神が創造したのであり、神の摂理なのだという前提があった。この論文はラテン語で書かれていたが、一七五九年には英訳が出版されていて、ひろく読まれ、ホワイトやダーウィンもその影響を受けて、この成句を使っている。

ダーウィンはもちろん、自然が神によって創造された静的な秩序をもつとは考えず、生存競争を通じて動的に均衡が保たれていると考えていたので、リンネとまったく同じ意味で economy of nature を使いはしなかった。

『種の起原』(初版)には、九回、この成句が使われているが、そのうちの八回は places in economy of nature という形で使われている。これは自然の有機的な関係の連鎖のなかにおける位置のことで、現代の生態学用語で、ニッチ(niche)あるいは生態的地位と呼ばれるものにほかならない。残りの一回は単独で使われているが(第二章)、ここでも自然の有機的な関係の総体という意味で使われている。したがって、ダーウィンが economy of nature で表そうとしたのは、自然界における食うものと食われるものの関係をはじめとして相互の依存によって保たれている関係なのであり、「自然の経済」という訳語はかならずしも適切とはいえない。それならば代案を出せと言われそうだが、なかなかピッタリの訳語がない。あえて言えば、「自然の有機的関係」

くらいだろう。場合によっては「自然の理法」がふさわしい場合があるし、より現代的な文脈では、生態学そのものが経済学の用語を数多く取り入れていることもあって、「自然の経済」が適訳となる場合もある。いずれにせよ、こうした歴史の垢がこびりついた言葉は翻訳がむずかしい。

エコロジー　ecology

話のついでとして、同じギリシア語の oikos を語源にもつ ecology について触れないわけにはいかない。この英語には「エコロジー」と「生態学」という二つの訳語があるが、日本語としてはまったく異なる意味をもつ。ecology（原語はドイツ語で Ökologie）が一八六六年にドイツの発生学者エルンスト・ヘッケル（一八三四－一九一九）によって造語されたものであることはよく知られている。ヘッケルは熱烈なダーウィン主義者で、「非生物的環境と生物的環境のあいだのすべての関係、すなわち生物の家計（ドイツ語で Haushalt）に関する科学であり、ダーウィンが生存競争における諸種の条件と呼んだ複雑な相互関係のすべてを研究する学問」と定義した。まさしく、economy of nature の研究なのである。実際に『オックスフォード英語大辞典』（ＯＥＤ）

の ecology の項には二つの意味が書かれていて、第一は日本語の「生態学」を指すもので、その説明として、the science of the economy of animals and plants とある。

一時期、ecology という言葉を最初に使ったのはヘンリー・デイヴィッド・ソロー（一八一七－六二）で、一八五八年の一月に従兄弟に宛てた手紙に書かれているという説が幅をきかせたことがある。実際にOEDの一九七二年版の四冊本の「補遺（supplement）」には、この説が採用され、初出はヘッケルでなく、ソローだとされた。しかし、のちにこれは手紙の文字の geology を ecology と読みまちがえたものであることが判明し、一九八九年刊行の第二版本体に収録された ecology の項で、誤りを認めて訂正されている。

日本では一八九四年に日本寄生虫学の始祖である五島清太郎が、字義通りに「生計学」と訳したが普及せず、一八九五年に植物学者三好学が Biologie の訳語としてつくった「生態学」が定着することになった。また民俗学者南方熊楠は明治四四（一九一一）年の柳田國男宛の手紙で、「植物棲態学」という訳語を用いているが、こちらも普及しなかった。

生物学としての生態学は、ダーウィンが目指し、ヘッケルが明確に示したように、生物の相互関係を明らかにする学問である。生態学は現代生物学における一大分野を形成しており、生態系、生物群集、生態的ピラミッド、食物連鎖、ニッチ、遷移、共生といった用語は生物学の専門家以外にもひろく知られる言葉となっている。最近では、進化に焦点を当てた進化生態学や、自然保護の理論的支えとしての保全生態学などが大きな関心を集めている。

ＯＥＤに載っているecologyの第二の意味は、日本語でエコロジーと翻訳されるもので、政治的な文脈における公害などの環境問題に関連して用いられ、とくに、西欧では環境運動や「緑の」運動を指す。こちらの源流はリンネ的な意味でeconomy of natureを使ったギルバート・ホワイトにさかのぼる。それは牧歌的あるいはロマン主義的といえるような自然観で、自然界の秩序のみごとさに対する称賛を出発点にするものだが、やがて、近代社会の開発がもたらす自然破壊に対する批判へと発展していく。とくに米国におけるギルバート的精神の継承者であるジョン・バローズ、デイヴィッド・ソロー、レイチェル・カーソンといった人々において、その傾向はより強くなっていった。「エコロジー」的な考え方は、開発をもたらした近代的科学思想、機械論的で還元論的な考え方そのものに対する反発として、生気論的、全体論的な考え方に傾いていく。ときには近代科学としての「生態学」の成果を援用しながらも、全体としては反近代・反科学的な色彩の強いものである。

同じギルバート・ホワイトやダーウィンの仕事から出発しながら現代の二つのecologyは、ずいぶんと遠く離れた地点へときてしまったものである。

生物学　biology

この訳語のどこが問題なのかと言われそうだが、じつは、英語の文献で「生物学」と訳すと不適切な場合がある。三好学がドイツ語の Biologie に生態学という訳語を当てたように、生態ないし生態学と訳した方がいい場合がしばしばあるのだ。

現代的な生物学という言葉の創始者として、ほぼ同時代の三人の名があげられるのがふつうである。一八〇〇年にドイツ人のK・F・ブルダハ（一七七六－一八四七）、一八〇二年にフランス人のJ・B・ラマルクとドイツ人のG・R・トレヴィラヌスが、それぞれドイツ語で Biologie 、フランス語で biologie という言葉をはじめて使ったとされている（言葉そのものだけなら、一七六六年にM・C・ハノフが本のタイトルに使っていたし、一七世紀のドイツで Biologie は、biography［伝記］という意味でまれに使われていたらしい）。

ブルダハは生理学者で、ある医学の教科書の脚注で Biologie という言葉をつくったが、そこでは、「人間の形態学的、生理学的、心理学的研究」を指していた。英国での最初の用例は一八一三年のJ・スタンフォードという人物によるものだが、そこでは、「biography［伝記、経歴］のほかに biology とでも呼ぶべきものがある」と書かれていて、やはり人間の生物学的研究を意味していた。トレヴィラヌスの方は、『生物学すなわち生きた自然についての哲学（Biologie oder Philosophie der lebenden Natur）』という実質的には分類学の本のタイトルとして使ったのだが、見ての通り生物哲学というニュアンスが濃厚である。

ラマルクは『水理地質学』という本ではじめて、この言葉を使ったのだが、その内容を説明するものとして「生物学、すなわち生物の性質、能力、発達、および起源についての考察」と題する草稿を書いていたことが報告されている(グラッセ、一九四四)。その意味では、ラマルクがもっとも現代の生物学に近い意味で用いていることになる。

一八世紀にベーコンやデカルト、あるいはカントが科学というとき、生物学という分野は存在していなかった。当時生物学にかかわりのある学問としては、医学(生理学と解剖学を含む)、博物学、および植物学しかなかった。解剖学は人体解剖が主流であり、植物学も薬草としての関心が主であった。生物学にあたるものは、博物学に含まれたが、もっぱら記載的なものであり、それも神の設計を立証するための自然神学や自然哲学の一部として研究されている場合が多かった。ここでラマルクがつくりだした生物学という概念は、そうした実用的・応用的な目的のための生物学ではなく、生物の多様性に目を向け、なぜ、どのようにして、そのような生物が存在しうるのかを問うためのものだった。そうした問いの探求にはもちろん、チャールズ・ダーウィンがのちに、もっと本格的な形で取り組むことになる。

生物学という概念には二つの革命的な側面がある。一つは動物学と植物学の統合である。アリストテレスは「生物学の父」とも呼ばれ、確かに科学的な生物学の先駆者と呼ぶにふさわしい業績を残しているが、彼の著作はほとんど動物に偏っていた。それに対してアリストテレスの弟子で、「植物学の父」と呼ばれるテオフラストスには動物についての著作はない。つまり博物学のなかで動物と植物は別の世界とされ、まったく異なった方法論で学問がなされていたのである（この傾向は二〇世紀の半ばまで、多かれ少なかれ続いており、古い大学の理学部には、生物学科ではなく、動物学科と植物学科があった）。

ところが一七世紀末のフックによる細胞の発見は、植物と動物が同じ構造単位からなることを明らかにし、植物と動物を総合した生物という上位概念を考えずにはいられなくなった。また一八世紀の economy of nature という見方に支えられた博物学的観察は、自然のなかで動物と植物が相互に影響を及ぼしあっていることを実感させ、両者を統合する視点を必要とした。さらにリンネによって最終的に体系化される近代的な分類学は、動物と植物を同じ原理で扱うことを可能にした。そしてラマルクは、無脊椎動物の分類学者として名高いが、じつはフランスの植物相に関する研究によってビュフォンに認められて自然史博物館の職につくことができたのである。植物と動物の両方に精通したラマルクにとって、生物学という見方は自然なものであった。

生物学という言葉がもつ、もう一つの革命的な側面は、従来の死体、標本、化石といった本当の意味で「生きてはいない」対象から、生きた動植物を研究することへの転換、すなわち、「死んだもの」ではなく、「生きたもの」を相手にするという意味での生き物の学への転換であった。そのことは、先にあげたトレヴィラヌスの本の表題からもうかがうことができる。当然のことながら、生き物の学には現在の生物学のあらゆる分科が含まれたが、生きているということの強調として、生態学的な側面を指す場合が多かった。ヘッケルは生物学のなかから生態学を切り離す目的でÖkologieという言葉をつくったのだが、依然としてbiologyは生態学という意味で使われることがある。たとえば、論文などで比較生態学Comparative biologyや繁殖生態reproductive biologyという言い方が今でもよく使われている。

最後にもう一つ。chemistryやphysiologyの場合も同じだが、biologyも、その学問によって知り得た法則や事実、性質といった意味をもつことも注意しなければならない。chemistryを化学ではなく化学的性質（特徴ないし法則）、physiologyを生理学ではなく生理学的性質、biologyを生物学ではなく生物学的性質と訳すべき場合は、少なくないのである。

胎生学　embryology

胎生学というのは主として医学分野で用いられる訳語で、生物学では「発生学」と訳される。卵子が受精して、細胞分裂を繰り返しながらしだいに複雑な形をした胚になり、人間の場合は最終的に胎児になって産み落とされるまでの過程を扱う学問である。この過程が発生

（development）であり、系統発生（phylogeny）との対比で個体発生（ontogeny）とも呼ばれる。

生物学的には動物植物を問わず、受精してからある時期までの個体発生の初期段階にあるものをembryoと呼び、「胚」という訳語を当てる（ただし医学では、これをも「胎児」と呼んだり、「胎芽」という訳語を当てたりし、ここから「胎生学」という訳語がきている）。embryoの語源はギリシア語のembryum（成長していくもの）で、発生学という訳語は、この原義にもかなっている。ヒトでは正式な胎児（fetus）は受精後九週目以降のものを言う。

発生学の歴史はアリストテレスまでさかのぼり、彼は大著『動物発生論』を残していて、動物の生殖から発生、出産に関して、当時の知識を集大成し、それをもとに動物の大分類（胎生・卵胎生・卵生・不完全卵生・蛆生・無性生殖）をしている。『動物誌』にも、個別の種の発生についての記述がある。この時代の発生学は肉眼による観察が主で、それもニワトリの卵が用いられることが多く、詳細な発生過程はわからなかったために、発生に関する議論はおおむね思弁的なものだった。

一七世紀に入って顕微鏡が利用できるようになり、より詳細な発生過程が明らかになるにつれて、前成説（preformation theory）か後成説（epigenesis）かというギリシア以来の論争があらためて脚光を浴びることになる。これは、生物の体が卵からどのようにして形づくられるのかをめぐる論争で、前成説は胚の各器官がどのようにできるかはあらかじめ決まっているとするのに対して、後成説は個体発生の過程で順次形成されて単純な形から複雑なものになっていくとする。アリストテレスは後成説論者で卵子は素材を与えるにすぎず、精子が動力因を与えると考えた。ニワトリの胚発生を観察したハーヴィ（一五七八－一六五七）や、後のウォルフ（一七三三－九四）などが代表的な後成説論者であった。

一七世紀に顕微鏡による観察（ニワトリの卵のなかに心臓ができているといった）が発達するとともに前成説が台頭し、とくにオランダのスワンメルダム（一六三七－八〇）は、チョウの変態を観察し、蛹の中に成虫が折りたたまれていることを一般化して、蛹は幼虫の中に、幼虫は卵の中にという入れ子構造になっていると考えた。そうした研究の結果として、一八世紀にはほとんど前成説一色になる。もし前成説が正しいとすると、すべての子孫が埋め込んでもっているのは卵なのか精子なのかということが問題になってくる。

前成説論者のなかで、卵の中に成体が入っていると考えるのは卵子論者（ovist）で、スワンメルダムのほかにイタリア人スパランツァーニ（一七二九－九九）や単為発生の発見者ボネ（一七二〇－九三）やハラー（一七〇八－七七）などがこれに入る。一方、精子の中に成体がいるにちがいないと主張したのが精子論者（spermist）で、顕微鏡の発明者であるレーウェンフック（一六三二－一七二三）やブルーハーフェ（一六六八－一七三八）、哲学者のライプニッツなどがこれに当たる。当然のことながら、観察事実の多くは卵子論に有利で、この論争は卵子論者の圧倒的な勝利で終わる。

二〇世紀に入って、細胞学や遺伝学の発達にともなって、発生現象を細胞レベルで実験的に追究できるようになる。そして、古典的な発生学は、発生生物学（developmental biology）と改称されることになる。さらに二一世紀には、ヒトゲノム計画によって、遺伝子レベルでの解析が可能になり、細胞分化における遺伝子の役割を進化的に解明する進化発生生物学（evolutionary developmental biology、通称エボデボ）へと発展しつつある。

翻訳で厄介なのはこの developmental で、development は、この場面では「発生」と訳されるけれど、それは卵から誕生までのことで、生まれた赤ん坊はなおも development をつづけるが、こちらは「発育」とか「発達」あるいは「成長」と訳すことになる。development は連続的な過程であるので、どこまでが「発生」でどこからさきが「発育」や「発達」になるのか、しばしば悩ましいのである。

有機体　organism

オーガニズム（organism）は、派生語である organization や organic、organize とともに非常に訳しにくい言葉であるが、生物学の文脈で出てくるときには、単に「生物」、あるいは「微生物」

と訳していい場合が多い。この一連の単語の語根はorganで、「オルガン」「楽器」「器官」「機関」など多様な意味がある。語源はギリシア語のorganonで、やはり「道具」「手段」「器官」というような意味をもっている。それは単純な機関ではなく、特定の目的を達成するために多数の部分（パーツ）が有機的に組み合わされてできた複雑な機関という含意があり、そこからあらゆる意味が派生してきている。アリストテレスは自らの論理学について述べた著作に『オルガノン』というタイトルをつけているが、これは、論理学を学問の「道具」に見立てているわけである。

そこでorganismだが、これはいろんな部分が寄り集まって、統一のとれた有機的実体となっているものを言い、「生物」はその典型であるが、まとまりのある組織一般については「有機体」と呼ぶことができる。organizationもほとんど同じような意味だが、こちらは動詞のorganizeから生まれたもので、組織化され、構造化されたものであり、無生物について言われるときには、「組織」「体制」「機構」「編成」などの訳語がふさわしい場合が多く、生物についてはorganismと区別するために「生物体」という訳が好ましいと思われる。もちろん、動詞からきた名詞なので、「組織化」「構造化」といった使われ方もある。

動詞のorganizeには、「組織する」とか「編成する」という意味があるのは当然だが、「有機的関係を構築する」「系統立てる」「秩序立てる」「統合する」といった意味でも使われる。organizeする主体はorganizerで、労働組合運動のオルグというのはorganizerの略語である。生物学では、発生学におけるオルガナイザー（形成体）という重要な概念がある。

どれも、状況に応じて訳しわけなければいけないむずかしい単語なのだが、さらに厄介なのは形容詞の organic である。これはもともと organ の形容詞形なのだから、「生物の」「有機」（有機化学のような使い方）「器官の」「臓器の」（医学では「器質性」という訳語も使われる）といった訳でよかったのだが、二〇世紀後半から「有機農法（organic farming）」「有機肥料（organic fertilizer）」「有機野菜（organic vegetable）」といった用法から大きな変化が起きる。この「有機」だけが独立して、「オーガニック」と称して一人歩きをはじめたのである。

「有機」というのは生物由来という意味で、有機化合物は生物が体の成分としてもつ化合物のことをいうが、体内には無機物もあるので、「無機」との境界は厳密ではない。一般には炭素を主成分とする化合物を有機化合物というが、ダイヤモンドや炭酸ガス、あるいは金属炭酸塩などは例外として無機物とされる。有機農法というのは、農薬や化学肥料の濫用がもたらす環境汚染が問題になりはじめるにつれ、心身と環境の安全のためにそういったものを使用しない、つまり有機肥料や有機薬品だけを使う農業として提唱されたもので、それでできた野菜が「有機野菜」ということになる。しかし、有機野菜や有機作物という言い方は organic の本来の用法から逸脱している。なぜなら野菜も作物ももともと有機物で、無機野菜や無機作物などありえないからである。でも、ここまでは許容できなくもない。ただし、作物に有機野菜とかオーガニック野菜という表示をするためには、農林水産省の登録を受けた機関の認証による有機ＪＡＳの格付け審査を合格する必要がある。

困ったことというのは、日本語の「オーガニック」という言葉が原義を遠く離れて、オーガニック・ライフがロハスと同様な意味で使われるようになっていることだ。ロハス（LOHAS）というのは Lifestyles Of Health And Sustainability の略で、健康と持続可能性を重視するライフスタイルのことで、「有機的」とは関係がない。本来の「生物由来」という意味とは無関係に、新興住宅地を「オーガニックタウン」と名づけるような誤用がまかり通っているのは、嘆かわしいことである。

アナロジー　analogy

さまざまな分野で微妙に異なった使われ方をする言葉なので、翻訳にあたっては用心しなければならない。もともとは幾何学用語で、ギリシア語の analogia（ana 似た＋logos 比率）で、図形の相似を意味した。大きさは異なるが各辺や角の比率は同じ、つまり同じ形であることを指す言葉であった。これがプラトン以後の哲学で、「類推」「類比」を表す論理学用語として転用されたのである。論理学用語としての analogy、すなわち類比的推論は『哲学事典』（平凡社刊）によれば、

「二つの事物が、いくつかの性質や関係を共通にもち、かつ、一方の事物がある性質または関係をもつ場合に、他方の事物もそれと同じ性質または関係であろう、と推理すること」であり、「類推が成立するのは、比較される二つの事物が表面的にではなく、本質的に類似している場合である。本質的に異なった事物のあいだで類推をおこなうことは、誤った結論を導くおそれがある」とある。類推による（analogical）立論は analogism と呼ばれる。

類推は、人間の判断や問題解決においてだけでなく、科学理論の形成にも重要な役割を果たしている。たとえば惑星の運動から量子の運動を類推することによって量子力学が生まれたという例である。しかし、analogy という言葉は日常にもっと一般的な使われ方をする。have some analogy with ～ というのは、「～といくらか似たところがある」という意味で、これを「～と多少の類比をもつ」などと訳すのは滑稽である。つまりここでの analogy は、単なる「類似」「似かより」のことなのだ。

そして生物学では、analogy に特別な意味が与えられていて、幾何学用語とおなじく「相似」と訳される。生物学においては、種の類縁関係を調べる一つの方法として、似ているところと似ていないところを比較するというやり方がある。しかし単純に似ているところがあるからといって、コウモリが鳥類と、タツノオトシゴと爬虫類が同じグループだと考えるのはまちがいである。系統的な関係を調べるためには、外見的な類似と由来の類似を区別しなければならない。それが相似（analogy）と相同（homology）の区別である。この区別を現代的な意味ではじめて定義したのはリチャード・オーウェン（一八〇四－九二）で、簡単にいえば、相同は進化的な起源が同じであることを意味し、外見的にはかならずしも似ていない場合がある。鳥の翼は、人間の腕、ウマの前脚、アザラシの鰭脚、魚類の胸鰭と相同器官であり、これらの器官がすべて同一の起源に由来するものであることは、個体発生からも遺伝学的な解析（関係するホックス遺伝子も特定されている）からも裏づけられている。植物では、たとえばサボテンの棘とふつうの植物の葉が相同器官の例である。

相似は、進化的な起源は異なるが、同じ機能を果たすために似たような形になったものを言う。鳥類の翼やコウモリの皮膜、昆虫の翅は、いずれも飛ぶという機能を果たすために進化したものだが、起源が異なるので相似器官なのである。植物の例をあげておけば、サツマイモの芋とジャガイモの芋はどちらも地中の栄養器官だが、前者は根が、後者は地下茎が、貯蔵という機能のために変形した相似器官なのである。

ところで、analogy には類比から転じて「比喩」「喩え」という意味もある。Using the analogy of ～ to explain というのは「説明するために～の喩えを使う」ということで、類推という行為を指すものではない。

喩えといえば、英語でよく出てくる単語に metaphor というのがある。多くの翻訳書では、機械的に「隠喩」とか「メタファー」と訳されているが、いささか疑問である。日本語には「喩え」という言葉はあるが、比喩や暗喩という概念はもともと存在しなかった。どちらも近代の翻訳語である。ちなみにヘボンの『和英語林集成』では analogy に「形容」と「喩え」が当てられている。

西欧語の言語表現においては、比喩は転義（trope）と呼ばれる重要な修辞技術の一つである。転義というのは、言葉を文字通りの意味とはちがう形で使うやり方の総称で、ダジャレなどもこの範疇に入る。転義のなかで日本語の「喩え」に相当するものは、直喩（simile）、隠喩（metaphor）、換喩（metonymy）、提喩（synecdoche）、諷喩（allegory）というふうに区別される。ここで詳しく説明するのは場違いだが、それぞれ明確な定義によって区別されていて、その意義も理解できる。しかし日常の日本語表現でこの区別は意味をもたない。日本人は区別しないからである。隠喩やメタファーと訳してもまちがいとは言えないけれど、文学表現に関する本でもないかぎり、単純に「喩え」と訳して、ほとんどの場合、何の問題もないと私は考えている。

＊

定着している訳語に異を唱えるのは、まことに角が立つ振る舞いで、反発も多い。前著の「自然淘汰」についても、依然として「自然選択」が正しいという人が少なくない。しかし、ダーウィンが selection としているのだから「選択」と訳すべきだという以外に説得力のある論拠をあまり見たことがない。それは英語と日本語が一対一の対応をするという悪しき幻想の産物でしかない。前回述べたように、ダーウィンは単純な「選択」という意味ではなく、まさしく「淘汰」という意味合いで selection を定義しているのである。

今回の「隠喩」あるいは「メタファー」にしても、すでに人文科学の世界ではひろく定着しているので、反発は多いと思う。こういう言葉は「喩え」などという陳腐な言い回しよりも、はるかに知的でかっこよく聞こえるので、使いたい気持ちはよくわかる。しかし、日本語表現で区別する必要のない場合にも、わざわざ区別する必要がどこにあるのかというのが私の意見なのだが、まったく角の立つ言い方であるかもしれない。

6章　情に棹させば流される

「棹さす」は、誤用されている言葉の代表格である。これを流れに抵抗することだと思っている人が意外に多い。実際はまったく逆で、時流に乗ることを言うのである。元来は操船用語で、棹を使って前進することを言う。かつて大阪の市街には、江戸時代に米を積んだ回船が頻繁に行き交った多数の小さな河川があり、私が幼かった頃にも、まだ伝馬船の航行がよく見られた。多くはエンジンで動くポンポン船になっていたが、船頭が櫓や棹を使って進む舟もちらほらと残っていた。船頭が長い棹を浅瀬に突きさして操船するさまは、いまでも保津川下りなどに見られる。川の流れに乗って棹で舟を操るのが、棹をさすということなのである。

したがって、「情に棹さす」は、感情の赴くままに身を任せて行動することを言うのである。「情」とは感情、情熱、心である。『礼記』では、喜、怒、哀、懼、愛、悪、欲という七つの情があるとされる。原初的な感情は多かれ少なかれ動物にも見られるもので、彼らもまた情に棹さして流されていくのである。もっとも激しい感情の発露は、求愛や敵との遭遇の際に見られる。

交尾行動　mating behavior

交尾は動物にとってきわめて重要なもので、これなくして種の存続はありえない。交尾に向けて動物をつき動かすのは、発情という「情」である。mating behavior は、おおよそ求愛行動と言っていいものだが、微妙にちがっている。そのために配偶行動と訳すのが正しい。「配偶」というあまり聞き慣れない言葉が使われているわけは、もとになる自動詞の mate にある。英語辞書、たとえばロングマン英語辞典の普及版を見れば、動物の場合、to form a couple for sexual union and the production of young とある。つまり、「性交と子づくりを目的としてカップルになる」ことを意味するのである。したがって、mating behavior には、さえずりやフェロモンの放出、そしてディスプレーによって交尾の相手に信号を送り、誘い寄せることから、つがいになって連れ添うこと、交尾することまでの広い範囲の行動が含まれる。求愛も交尾も配偶行動の一部ではあるが、それだけではないので、翻訳の際には困るのである。最終的には交尾を目的としているのだが、そこに至るまでの手練手管の一切合切が mate と呼ばれるのである。ダーウィンが『種の起原』の第一章で使っている用例に、pigeons can mated for life というのがあるが、これは一生にわたって交尾するという意味ではなく、同じ雄と雌が一生つがいでいることもあるという意味なのだ。

ところが、mate の語源をたどってみれば、この言葉はもともと同じ席に列するという意味だったようで、そこから、仲間になる、連れ添う、さらには転じて結婚するというような展開があって、最後に動物における配偶行動のような意味がでてきたのである。他動詞の mate は、引き合わせる、つがいにさせる、交尾させる、交配させる、連れ添わせると変わっていく（生物学とは関係ないが、mate という動詞にはもう一つチェスの checkmate に由来する「王手詰めにする」という意味のものがあるので、場合によっては誤訳のもとになる）。

同じ mating を使っていても、mating call は求愛声、人間ならば恋歌と訳されるものである。mating display も同じ趣旨で、求愛ディスプレーと訳すべきである。ハチが分封の際に見せる婚姻飛行は正式には nuptial flight（この nuptial というのは結婚を意味するラテン語 nuputnubo に由来するもので、婚姻色 nuptial color や婚羽 nuptial plumage といった使われ方もされる）だが、mating flight とも表現される。一夫一婦か一夫多妻かといった夫婦関係を mating type または mating pattern というが、これは生物学では配偶型、人類学では婚姻型と訳すのがふつうである。mating season は交尾期と訳されるが、繁殖期（breeding season）と言い換えても問題はない。

話は逆になるのだが、名詞の mate が、もともとの動詞の意味を反映して、仲間、友だち、連れ合い、相方という意味が主であり、名詞の mate そのものには、交尾という意味がないことに注意してほしい。繰り返して言えば、mate ではそもそも雌と雄が出会って連れ合いになるということに主眼があるのであって、交尾ないし出産は、出会いの結果でしかないのである。

再生産　reproduction

これ自体は訳語としてまちがっているわけではない。ほかに複製や復元、再現や再演という訳もありうる。しかし、生物学の文献でこれがでてきたときには、ほとんどの場合、生殖ないし繁殖と訳すのが正しい。にもかかわらず、「資源動物の再生産機構」や「細胞の再生産」などという表現が論文タイトルにたびたびでてくるのは困ったものだ。生物は何かという定義は、細かなことをいえばいろいろと議論もあるが、自己複製能力と代謝能力が不可欠な二大特性である。生殖ないし繁殖の本質は、この自己複製（self-duplication または self-reproduction）、つまり自分と同じものをつくりだすということにある。リプロダクション（reproduction）という英語が用いられるのは、そのゆえである。生殖によって生物の数が増えることに重点をおけば、増殖という言い方になるが、これに対する英語としては、propagation、multiplication、proliferation といったものがある。

これとよく似た単語にリコンストラクション（reconstruction）というのがある。再建、再構築、再編などの訳語が当てられることが多いが、生物学関係では、骨や化石から全体像を再構築するという意味で、「復元」とするのが最適な場合が少なくない。

生殖には、単純に細胞分裂によって増える無性生殖と、卵子と精子という生殖細胞をわざわざつくり、両者の合体によって新しい個体を生みだす有性生殖がある。人間はもちろん有性生殖しかできない。生殖において、卵子か精子のどちらかに欠陥があると受精から妊娠という過程がうまくいかず、不妊（infertility）になる。植物で受精がうまくいかず種子ができないのは不稔（sterility）とよぶが、その逆はどちらも fertility である。訳語としては「妊性」と「稔性」が使い分けられる。

不妊に悩む夫婦は、不妊治療を受けるが、英語では fertility treatment あるいは treatment for infertility という。不妊クリニック（fertility clinic）というのは、不妊治療を専門にするからこう呼ばれるのだが、この英語を直訳すれば「妊娠」クリニックという意味になってしまう。本来なら fertility treatment clinic とすべきものだろう。

女性の排卵に問題がある場合には、排卵誘発剤（fertility drug または ovulation inducer）によって解決できるが、双子や三つ子などの多胎児が生まれる確率が高くなる。男性の精子の能力に問題があって、卵子にまで到達できない場合には、人工授精（artificial insemination）によって、人為的に受精させることができる。この方法では、夫以外の精子によって受精させることもできる。卵子を体外に取りだし、受精させて、ある程度の細胞数になったところで、受精卵を子宮に戻すという方法が体外受精（in vitro fertilization）で、この「体外」の反対語は「体内（in vivo）」である。体外受精で生まれた子供は試験管ベビーと呼ばれることもあるが、体外受精は実際には試験管のなかではなく、シャーレのなかでおこなわれるので、あまり適切な表現とは言えない。ここで注意してほしいのは、insemination が「授精」であるのに対して、fertilization は「受精」と書き、字が異なることである。

胸　breast

水泳の平泳ぎは胸の前で手を掻く泳法なので、英語では breaststroke と呼ばれ、日本の水泳関係者は単に「ブレスト」と言うことが多い。したがって、英語の breast は胸にきまっていると思っている人がいるかもしれないが、そうとはかぎらない。この単語は解剖学的な胸部よりもむしろ、外から見た胸を指す言葉なのである。日本語では乳房のことを、露骨な言い回しを避けて「胸」と呼ぶが、英語の breast はそれに近い。哺乳類の特徴は breast をもつことだというとき、胸部があるというのではなく、乳房すなわち乳腺があるという意味なのだ。人間の女性において乳房はとくによく発達していて、たいていの男は美しい乳房を見ると劣情に流されることになる。デズモンド・モリスは『裸のサル』で、直立歩行するようになった人間が尻の代わりに性的信号として発達させたからだという説を述べている。いずれにせよ、breast は乳房の意味で使われることが多い。たとえば、breastfeed は赤ん坊に授乳することであり、breastfed は母乳育ちの赤ん坊のことである。医学用語で breast がつけば、たいていは乳房のことで、breast cancer は胸部ガンではなく乳ガンのことである。

それなら胸全体はどういうかといえば、日常語では chest、生物・医学用語では thorax（形容詞形は thoracic）が使われる。胸部X線写真は chest X-ray、胸部外科は thoracic surgery または chest surgery となる。胸を意味する chest は胴という意味にも使われる。胴には torso（胸像）というのもあるが、もっともふつうに使われるのは trunk である。これは人間の体だけでなく、あらゆる物体の主要部を指す単語で、木の幹や、建物の主柱、鉄道や道路の幹線、川の本流、太い血管などはすべて trunk である。さらにもとは木の幹でつくられたことに由来すると思われる箱という意味があり、ここから、スーツケースから船室まで、箱形をしたものをトランクと呼ぶ。生物学で注意しなければならないのは、ゾウの場合だけは trunk が長い鼻を指すことだ。

女性のスリーサイズ（three-size）というのはまったくの和製英語で、正しい英語表現は measurements または figure（どちらも計測値という意味）である。バスト・ウエスト・ヒップの計測値のことを指すが、ここでのバスト（bust）はフランス語の buste からきたもので、体の上半身、胸像を意味する。さらにもとをたどれば、ラテン語の bustum だが、これはなんと墓碑のことである。墓に胸像が置かれるという風習にバストの語源があったと聞いて、あなたは胸躍らせるか、それとも胸が痛むか、それとも胸を打たれるか。

ウエスト（waist）は正しいプロポーションを保っている人なら、体のいちばん細い部分のことだが、肥満体の人の場合には、この定義はあてはまらない。体のくびれた部分なので、ヴァイオリン、瓶やその他のもののくびれた部分もウエストと呼ばれる。ハチは胸部と腹部のあいだがみごとにくびれているために、ほっそりとした腰を指す wasp waist という表現もある。解剖学的に定義すれば、肋骨から下、骨盤までのあいだで、脊柱のうちで、腰椎と呼ばれる部分に対応する。ふつう waist は腰と訳されるが、日本語の腰には腰骨（骨盤のこと）というようにヒップの上部まで含まれるので、若干のずれがある。ウエストは人間の背骨のなかでもっとも弱い部分で、腰椎、とくに椎間板の損傷が腰痛の原因になることが多い。

ヒップ（hip）は、いわゆるお尻、臀部と呼ばれるところで、解剖学的には仙骨（癒合した仙椎）・恥骨・腸骨・坐骨によって形成される骨盤と、坐骨と大腿骨がつくる股関節までの部分である。ヒップには多様な骨が含まれるために、さまざまな訳語が当てられる。まず hip-joint は股関節、hip girdle は腰帯、hip gout は坐骨神経痛、hip bath は腰湯、hip socket は寛骨臼といった具合である

高等動物の体には背腹（専門用語では dorso-ventral）の区別があるが、人間には他の動物とちがった事情がある。四足歩行する動物では、進行方向の前に頭が、後ろに尾がくる。ところが、直立歩行する人間では、進行方向の前に腹が、後ろに背がくる。このために英語表現では紛らわしい事態が生じる。「頭のてっぺんから爪先まで」という英語のもっともふつうの表現は、from head to toe だが、head のかわりに crown や top, toe のかわりに、feet, heel , tail, bottom などが

使われることがある。問題は top to bottom という組み合わせである。これは垂直方向の上下関係を意味しているので、動物の場合には、頭から尻尾までではなく背から腹（または足）までということになる。また、前後は front と back になるが、この back が人間と他の動物ではちがってくる。人間についてなら、多くの場合には背と訳していいが、ときには体の後半身を指すこともあり、とくに back part という表現はほとんどの場合、「背部」ではなく、「後部」だと考えてよい。この紛らわしさを避けたければ、体軸の方向を問わずに後部を指すリア（rear）という単語がある。

腹を意味する英語はいろいろあり、belly はもっともふつうの言い方だが、腹を殴られたというときや、腹一杯というときには、stomach が使われる。解剖学用語としては、abdomen があり、腹びれ（abdominal fin）や腹筋（abdominal muscle）といった使われ方をする。stomach と似たことばに gut がある。一般には、腸、内臓、消化管を含めて、腹の中身を指すが、転じてモノの中身を意味することもある。This book has no guts と言えば、「この本には内容がない」ということだ。日本語の「腹の据わった」という表現と同じように、英語の guts にも、根性、勇気、大胆さという意味があり、そこから「ガッツ」という言葉が生まれたのである。人間の喜怒哀楽は腸の調子に大きな影響を与えるので、腹具合を感覚や感情の判断基準にしている人がいても不思議ではない。英語ではまさしく、gut feeling は本能的直感のことなのである。

チーズケーキ　cheesecake

この英語が水着姿の女性ピンナップ写真、転じて女性の脚線美を指すようになるのは二〇世紀の半ばあたりからのことらしい。cheesecake に対する「脚線美」という訳語はふつうの英和辞典に載っているとはいえ、俗語なので、これを悩ましい翻訳語の例に出すのは、いささか反則技だ。にもかかわらず、あえてここに持ち出したのは、女性の美しさを代表する脚線美を枕に、人間の手足をめぐる翻訳語問題について語りたいからである。

しかしその前に、あのおいしいチーズケーキが、どのようにして「脚線美」に化けたのか謎解きをしておこう。どうやら、肉体美の男性ヌード写真、あるいは肉体美の男性をビーフケーキ beefcake（beef には筋肉ムキムキという意味がある）と呼ぶ風習がいつのころから生まれ、それをもじって、美しい女性のセミヌード写真を cheesecake と呼ぶことになったようである。

脚線美がなにかを明確に定義することはできないが、脚の太さと長さが関係していることはまちがいない。第二次大戦後、日本人の平均身長は着実に伸びており、たとえば、厚生労働省の「国民健康・栄養調査」をもとにして、三〇歳台の成人男子および女子の平均身長の伸びを見てみると、男子では一九五〇年には一六〇センチメートルだったのに、二〇〇五年には一七二センチメートルと一〇センチメートル以上伸びているし、女子では一四九センチメートルから一五八センチメートルへと、やはり一〇センチメートル近く伸びている。この身長の伸びの大部分は脚長の伸びによるものだから、脚線美を誇る若い女性が増えていることはまちがいない。

日本語の「あし」は太股から爪先まで含んでいるが、英語では leg（脚）と foot（足）を区別する。foot の語源はラテン語の pes で、ペダル（pedal）も同じ語源から出ている。人間の二足歩行は bipedal、その他の多くの脊椎動物がみせる四足歩行は quadrupedal ということになるが、実際には二本および四本の脚で歩くことなのである。イヌやネコの足は pad と呼ばれる。この関係は「て」についてもあてはまり、日本語の「て」には腕（arm）と手（hand）の両方が含まれる。「手足を伸ばす」というとき、実際に伸ばしているのは、腕と脚なのである。日本語には「てあし」の総称として肢（英語では limb）という言葉があり、「て」は上肢、「あし」は下肢のことなのである。上肢は上腕と前腕、下肢は大腿すなわち腿（ふともも、英語は thigh）と下腿すなわち脛《すね》が区別される。

上腕を支える骨は上腕骨（humerus）、前腕を支えるのは撓骨（radius）と尺骨（ulna）、大腿を支えるのは大腿骨（femur）、下腿を支えるのは脛骨（tibia）と腓骨（fibula）である。

日本語では手の指も足の指も同じ指ですむが、英語では手の指は finger で、親指だけは特別に thumb と呼ばれる。足の指は toe で、親指は単に big（あるいは great）toe である。爪は手足とも nail でいいのだが、脊椎動物全体を見渡したとき、nail は扁平な平爪のことで、ほかに猛獣や猛禽の鉤爪（claw）と草食獣の蹄（ungula あるいは hoof）が区別される。

四肢にはいくつかの関節があるが、これも上肢と下肢で区別される。上肢は肩（shoulder）、肘（elbow）、手首（wrist）の関節でつながり、下肢は股（hip）、膝（knee）、足首（ankle）の関節でつながっている。膝は関節の部分をいう言葉ではあるが、日本語で子供を膝に乗せるというとき、膝関節の上に乗せるわけではなく、座ったときの太股から膝までの平らな部分のことを指しているのだが、これには lap という英語がある。ラップトップ型のパソコンというのは、まさに日本語の「膝」に乗せるタイプなのである。

飛行距離　flight distance

飛行機やスキーのジャンプ競技の話なら、この訳で正しいのだが、もし動物行動学や動物心理学の話ならば、これは「逃走距離」と訳さなければならない。英語の flight には、飛行のほかに逃走という意味もあるのだ。この言葉はスイスの動物学者で、ながらくバーゼル動物園やチューリッヒ動物園の園長をつとめたH・ヘディガー（一九〇八－九二）の造語である。ヘディガーは動物園の動物を単なる見せ物ではなく、囚われの身になった野生動物とみなし、動物たちが快適に過ごせるようにするためには、飼育下での彼らの習性や心理をよく理解しなければならないと

いう観点から、動物園の動物の生態をあらゆる角度から分析した人物で、動物園生物学の父と呼ばれている

「逃走距離」というのは、敵対する異種間での空間的な距離感を表している。野生状態では、シマウマやアンテロープの群れが、近くにライオンがいるのにもかかわらず、平然と草をはんでいる姿がよく見られる。しかし、彼らは無防備・無警戒でいるわけではなく、ある一定の距離までライオンが近づくと、一斉に走って逃げる。これが「逃走距離」である。この距離は動物のおかれた環境、走力、敵の能力などによって異なるし、経験によっても変わる。たとえばサファリパークで人間が危険でないことを知ると、人間に対する逃走距離は小さくなる。

なにかの理由で敵が逃走距離の内部にまで入り込んだとき、その動物はもはや自分の走力で逃れることはできないので、防衛体勢に入る。このときの距離が防衛距離である。さらに近づくと「窮鼠猫を噛む」の状態になって、破れかぶれの激しい攻撃に出る。このぎりぎりの距離を臨界距離（critical distance）と呼ぶ。山道でクマを避けるために鈴を鳴らすのは、この原理によっている。逃走距離の外で鈴の音を聞いたクマは、すみやかに人間から遠ざかる（ただし、人間を怖れなくなったクマは逃げないこともある）。しかし、不意に人間が臨界距離の内部に姿を現すと、驚いたクマは人間を攻撃するというわけなのだ。

ヘディガーは動物園の動物が攻撃的になったり、ストレス状態になったりするのは、この逃走距離がうまくとれないことが原因であることを見抜いた。けれども、動物園の檻を無限に広くす

ることはできないので、動物を馴れさせることによって、「逃走距離」を縮めることが重要だと説く。コッピンジャーという研究者は、オオカミが家畜化されてイエイヌになる過程で、この逃走距離の縮小が大きな役割を果たしたのではないかと推測している。人間の集落の近くで残飯漁りをしていたオオカミのうちで、短い「逃走距離」をもつ変異個体の数が自然（プラス人為）淘汰によってしだいに増えていき、やがて人間を怖れずに手ずから餌を採るようになって、家畜化したという筋書きである。

ヘディガーは敵対する種のあいだだけでなく、同種の個体間にも距離感の問題があることを指摘し、個体距離と社会距離を区別した。個体距離というのは、電線に並ぶツバメやムクドリが一定の間隔をあけて並ぶ場合の距離のことで、同種の仲間であっても、それ以上の接近を許さない距離である。社会距離のほうは群れどうしが近づける距離を言う。ヘディガーはこうした考えを一九四二年にドイツ語の著作で発表したのだが、のちに一九五〇年に英語版〝Wild Animals in Captivity〟を出版し、英語圏の読者に大きな反響を生んだ。文化人類学者エドワード・ホールは、こうした概念が人間の空間認識にも適用できると考え、名著『かくれた次元』において、ヘディガーの個体距離と社会距離の区別をさらに細分化して、プロクセミクス（近接学）として発展させた。人間の距離感は文化によって形成されるもので、異文化接触においては、相互の距離感の理解不足がしばしば無用な軋轢（不躾すぎるとか、非友好的だとかいう誤解）を生むことになる。

ところで、ヘディガーの英語版には邦訳があり、『文明に囚われた動物たち』と訳されている。

これは動物園の動物をどのように理解し、どのように扱うべきかを論じた本なので、名訳といってもかまわないと思うが、一般的な文脈で in captivity を訳すのは簡単ではない。辞書には、捕囚された、捕獲された、監禁されたとかいった訳語が出ているけれども、animals in captivity in zoo を「動物園に捕らわれている動物」と訳すのは、誤訳とまではいえなくとも、適切ではない。ここは、「動物園で飼われている動物」とするのが相応しい。動物関係の書籍で animals in captivity とあれば、それはふつう、animals in the wild の対語であって、野生動物に対する「飼育動物」、ないし「飼育下にある動物」と訳すべきものなのである。

冷血動物　cold-blooded animal

情に流されない人間のことを冷血漢という。日本語だけでなく英語でも、冷血という言葉は冷酷（bloodless）という意味合いをもつ。トルーマン・カポーティの有名なノンフィクション小説『冷血』の原題も In Cold Blood である。

冷血動物という言い方は、体温が低いので触ったときに相対的に冷たく感じるという主観的なものなので、生物学的には変温動物（poikilothermal animal）と呼ぶのが正しい。変温動物とは周囲の環境の温度変化によって体温が変わる動物のことで、哺乳類と鳥類（およびその祖先にあたる一部の爬虫類）を除く、すべての動物がこれに当たる。しかし変温動物といえども、体温を周囲の温度の変化に任せているだけでは生きていけない。活動するためには一定以上の体温が必要である。体温を上げるもっともてっとり早い手段は、日の光を浴びることである。トカゲ類やバッタ類は、日に当たって体温を上げてから活動を開始する。このように外部からの熱エネルギーに依存する性質を外温性（ectothermy）という。

それに対して、筋肉運動などによって自分の体で熱をつくりだす性質を内温性（endothermy）と呼ぶ。変温動物のなかにも、マグロなどの大型回遊魚や、はげしい飛翔運動をする昆虫などでは、その筋肉運動で体温を外界よりも一〇℃以上高く保っている。こうした動物に冷血動物という呼び名はふさわしくない。

冷血動物の反対語は温血動物（warm-blooded animal）で、鳥類と哺乳類がこれに当たる。ただし、日常語では、warm-blooded や hot-blooded は、「温かい」ではなく、「熱烈な」という意味になる。温血動物も生物学的には恒温動物（homeothermal animal）と呼ぶほうが正しい。恒温動物は、内温性で、外界の温度が低下すると熱の生産量を高めて体温を維持する。しかし、自分でつくりだせる熱の量にはおのずと限界があるため、極端に寒い時期には、体温の低下は免れない。小型の鳥類や哺乳類は夜間の休息時には体温が正常時よりも一〇℃も低下することがあり、とても恒温動物とは呼べなくなる。そういう低体温（hypothermia）時には、すべての代謝活動を低下させて一時的な麻痺状態（torpor）に陥る。これは一日のうちの出来事であるが、季節的に厳しい寒季に麻痺状態に陥るのが冬眠（hibernation）である。動詞 hibernate の語源はラテン語の hibernus で、「冬の」という形容詞で、もともとは越冬、冬ごもりを意味した。

大型の動物は、体積に対する表面積の比率が小さいことと、羽毛・体毛・皮下脂肪などの断熱構造をもつおかげで、比較的体温の変動幅は小さい。それでも餌の乏しい冬季に熱を生産しつづけるのは困難なので、ヒグマのように冬眠するものもいる。しかし、クマの冬眠は小型動物の冬眠とはちがって、一種の睡眠状態であり、体温も五℃程度しか低下していない。

体温を一定に保つうえで、冬の寒さも問題だが、夏の暑さと乾燥も同じように深刻な問題である。昆虫・両生類・爬虫類のなかには夏眠（aestivation）という状態で、過酷な時季を堪え忍ぶものがいる。aestivation も冬眠の場合と同じく、語源はラテン語の夏を意味する aesta で、夏の避暑という意味であった。

高温ではタンパク質が変性してしまうので、正常な代謝が営めなくなり、死に至る。ほとんどの動物の致死温度は五〇℃以下で、人間では四二℃を超えると致命的な障害が出る。そのため、体温を下げるための機構も必要で、とくに表面積が堆積に比べて相対的に小さな大型動物では深刻である。日陰に隠れるとか、水に入るといった行動的な適応を別にすれば、体温を下げるための最大の生理的適応は発汗である。汗はスウェット（sweat）だが、発汗にはいろいろの英語表現がある。もっともふつうの言い方は sweating だが、医学用語としては、diaphoresis や sudor（汗を意味するラテン語）、生理学用語としては sudation や perspiration がある。perspiratory gland（汗腺）はここからきている。足の裏の肉球にしか汗腺のないイヌは汗の代わりに、口からの蒸発で体温を下げる。イヌがハアハアいって喘ぐのを pant と呼ぶが、これはラテン語の phantasiare が語源で、なんとあのファンタジー（fantasy）もここからきているという事実を知れば誰もが驚くだろう。ファンタジーというのはもともと病的な状態で見る幻覚や悪夢だったようで、うなされて喘ぐことを指していたらしいのである。幽霊を phantasma というのも、ここからきているのである。

市民戦争　civil war

スペイン市民戦争という表記をいまだに見かけることがあるが、これは「スペイン内戦」と訳すべきものだ。背後に関係者の冷徹な打算があるにせよ、人々を戦争に駆り立てる最後の一押しは、「愛国心」や「民族愛」という名の憎しみの情である。国家間の戦争では「愛国心」を大義名分とすることができるが、内戦においては、物質的・精神的利害を異にする同一国民のあいだで、「正義」を掲げて殺し合いがおこなわれる。「内戦」は同一国民のあいだでの権力をめぐる大規模な戦いという以外に厳密な定義はなく、規模が小さければ「内乱」、支配権力の打倒を目指す場合には「革命」と呼ばれ、植民地政府を打倒しようとする人々は「独立戦争」と呼ぶ。

広い意味での内戦は、近代国家の成立以降、あらゆる時代を通じて、いずれかの地域で起こってきたのであり、二一世紀に入ってさえ、アフリカその他の諸国で内戦と呼ぶに値する紛争がつづいている。そうした無数の内戦のなかで、大文字で Civil War と書く、歴史上有名なものが三つある。一つ目は English Civil War で、これは清教徒革命のことだ。一六四二〜四九年の国王軍と議会軍のあいだでの軍事的衝突で、最終的には議会軍の勝利に終わる。二つ目は American Civil War で、南北戦争のことである。一八六一〜六五年に、奴隷制度の存続をめぐって合衆国を離脱した南部一一州と合衆国にとどまった北部二三州のあいだの戦争で、最終的には北軍の勝利で終わった。三つ目が Spanish Civil War（スペイン語では Guerra Civil Española）で、いわゆるスペイン内戦である。これは一九三六年から三九年にかけてのもので、第二次共和国の人民戦線政府に対して、フランコ将軍率いる反乱軍がクーデターを起こしたことに端を発する戦争で、人民政府側には、作家へミングウェイやジョージ・オーウェルなど、世界中から義勇兵が参戦したが、最終的には反乱軍に破れ、以後スペインはフランコ将軍によるファシズム独裁国家となる。

英語の civil war はラテン語の bellum civile（ローマ市民の戦争）からきているのだが、現代的な用法におけるこの civil は「外政」に対する「内政」を意味している。じつは civil という語には、もともとの「ローマ市民」という概念のなかに含まれているさまざまな要素から発展した多様な意味内容がある。

まず、市民は外国人ではなく自国民であるという点から先の「内政」や「国内」という意味がでてくる。ローマ人は野蛮人ではなく洗練された文明人だという点から「文明化された」「礼儀正しい」「教養のある」などの意味が出てきて、そこから civilization（文明）という言葉が派生してくる。市民は軍人や聖職者ではないという点はもっとも重要で、「民間」「文官」「公務員（civil servant）」といった意味が出てきて、civilian control（文民統制）や civil defense（民間防衛→自警団）、civil engineering（土木工学のことで、軍事工学に対するものという意味）という成句が生まれた。civil cloth は軍服に対する平服であり、真偽は不明だが、これが日本語の「セビロ（背広）」の語源だという説は有名である。また、司法・立法にかかわらないという点で、「行政」「民事」「民法（civil law）」などの意味が生まれた。市民として基本的な人権を有する存在であるという点から「公民」や今日的な「市民」という意味があり、そこから civil rights（公民権、人権）などという成句ができた。

civil の主要な反対概念である military は、ラテン語の兵士を意味する miles に由来するもので、「軍事」「軍用」「軍部」「軍隊」などの訳語をもつが、興味深いことに、海軍にはこの語は適用されない。海軍に関して naval が military と同様の語義をもつ。この英語はラテン語の navis（船）が語源で、ほとんどの場合海軍と訳していいのだが、まれに naval architecture（造船学）のように、「船」という意味で使われることもある。

*

「人間は感情の動物」だと言われるが、「情」を広い意味にとらえれば、少なくとも高等動物には情をもつものがいるはずだ。行動の引き金を引くのは、外部情報を受け止めた脳からの指令だろうが、感覚情報の受容に際して、なんらかの感情が付随していると考えるのは不自然ではない。哺乳類の求愛のかけひきに、恋情のようなものの存在を感じてしまうのは、見ている人間の感情の投影であるかもしれないが、機械的な反応連鎖とみなすにはあまりにも微妙な要素がありすぎる。

シートンの擬人的な表現がどれほど真実に迫っているのかわからないが、オオカミの狩猟行動にはさまざまな「情」が関係しているようにも思える。しかし、人間が他の動物よりもすぐれている面があるとすれば、長期的な視点から感情をコントロールできることだ。情に流されるというのは、ある意味で本能的・機械的な反応連鎖に身を委ねることであり、人間から動物への墜落だと言うこともできよう。

7章　意地を通せば窮屈だ

自分の思想信条が相手に受け入れられないと、なにか人格を否定されたような気がして、落ち込む。むやみに自説を言い張ればあちこちから反発がくる。反撃をくらううちに、身も心もすくんで窮屈になる。しかし、自分の意見が受け入れられないのは、相手がまちがっているとはかぎらない。自分の方がまちがっているかもしれないのだ。立場によって意見が異なるのは避けられないことであり、どっちが正しいかは、一歩立ち止まって冷静に判断しなければならない。意地を張らずにいれば、いずれ落としどころは見えてくる。

彼には背骨がある　he has a backbone

人間に背骨のあるのはことさらに言うまでもない当たり前のことで、これは「気骨がある」「度胸がある」という意味である。意地を通すにはぐにゃぐにゃしていてははじまらない。背骨がないのは、よく言えば柔軟だが、悪く言えば軟弱である。背骨は椎骨（vertebra）が連結してできたもので、生物学的には脊椎（vertabrae）あるいは脊柱（vertebral colum）と呼ばれる。脊椎をもつ動物が脊椎動物 vertebrata だが、椎骨は無脊椎動物の体節構造の名残りで、ヒトの脊椎は、七個の頸椎、一二個の胸椎、五個の腰椎、五個の仙椎（成人では癒合して仙骨となる）、および三～六個の尾椎からなる。哺乳類全体を見れば、他の椎骨の数は種によって異なるが、ナマケモノ類やカイギュウ類などごく少数の例外を除いて、頸椎の数はすべて七個である。首の長いキリンも、短いカバも頸椎の数は七つで、一つ一つの椎骨の大きさが異なるだけなのである。

人類にとって腰痛は大きな悩みだが、その原因は脊柱の構造にある。本来、哺乳類の脊柱は地面と平行な位置関係にあり、両端を前肢と後肢で支えるという構造になっていて、力学的にはたわみに耐えることができればいいだけである。ところが、直立歩行するようになった人類では、脊柱は地面と垂直な位置関係になるため、体重の大部分を背骨で支えなければならなくなった。脊柱は椎骨を積み木のように重ね合わせて連結したものだから、縦にしたときには、崩れやすいし、下方の椎骨ほど大きな荷重を受けることになる。直立歩行の際の体軸の安定と荷重の分散のために、人間の脊柱は、成長にともなって湾曲し、S字状の形をとる。しかし、それでも下方の椎骨に大きな荷重がかかることに変わりはないので、結局、腰椎に二足歩行のしわ寄せがやってきて、腰痛を引き起こすのである。

哺乳類が進化したのが約一億五〇〇〇万年前で、人類が直立歩行をはじめたのは、どんなに長く見積もっても、せいぜい六〇〇万～七〇〇〇万年前である。これだけの時間では、人類の骨格が二足歩行に対応できるように進化するのにはあまりにも短すぎる。といっても、脊柱のまわりを多数の筋肉と靱帯で補強して、椎骨の積み木が崩れないようにするといった対策はなされている。問題は、老化とともに、その対策にほころびがでてくることだ。

椎骨は、楕円筒状の錐体が基本で、そこから後方に出て円弧を描く一対の神経突起が合わさって推孔という隙間をつくり、そこが脊髄腔になる。錐体からでるいくつかの突起がしっかり絡まりあうことによって上下に隣接する椎骨どうしの安定が保たれている。錐体と錐体のあいだには、椎間板（intervertebral disc）という衝撃を吸収するための構造がある。椎間板の中心には髄核（nucleus pulposus）と呼ばれるゼラチン状の組織があるが、これは胎児期の脊索の名残りで、その周囲を繊維状の軟骨である繊維輪がとりまいている。

腰痛の原因としてもっとも多いのが椎間板ヘルニア（herniated disc）である。椎間板は年齢とともに弾力性を失っていくので、ちょっとした衝撃や圧迫で破損し、髄核がはみだしてしまう。錐体の骨自身も年齢とともに脆くなるので、衝撃で破損しやすくなり、その場合にも繊維輪や髄核がはみだす。このはみだした繊維輪や髄核が神経根を圧迫することによって、激痛が生じたり、麻痺が起こったりするのである。椎間板ヘルニアはもっとも大きな負荷のかかる腰椎と重い頭を支える頸椎で起こりやすい。

現在では椎間板ヘルニアがあまりにも有名になって、単にヘルニアと言われることもあるが、適切とは言いがたい。ヘルニア（hernia）というのは、臓器が本来あるべき部位から逸脱した状態を指すのであり、でべそ（臍ヘルニア）を含めてさまざまなヘルニアがある。なかでも、もっとも頻繁に起こるのは鼠径ヘルニア（inguinal hernia）、俗に言う「脱腸」である。これは鼠径部から腸の一部がはみ出してくるもので、程度の差はあれ、男子の約二五パーセントに起こるとされている。

椎間板ヘルニアが、直立歩行を獲得したために人類が支払わなければならない進化的代償であったとすれば、鼠径ヘルニアは、哺乳類が体壁の外に陰嚢（精巣）をもつように進化したことの代償である。魚類では精巣は心臓に近い位置にあり、哺乳類の個体発生でもその歴史が踏襲され、体の上部にあった精巣の原基が、発生の過程でしだいに下降して、最後に体壁から外に膨れだして、陰嚢のなかに収まる。このために、鼠径部の体壁は柔らかい状態にとどまらねばならない。その柔らかい体壁部から、なにかの拍子に腸が飛び出してしまい、脱腸になるのである。けだし、なにごとにも代償はつきものなのである。

狩りをする男　Man the hunter

一九六六年におこなわれた人類学の国際的シンポジウムのテーマは、Man the Hunter という画期的なもので、成果はのちに本として出版された。この英語が意味するのは、狩猟採集民で、狩りをする男ではない。man には、このように男ではなく人類や民族という意味もあるのだが、断固として意地を通すフェミニスト（feminist）たちは、男だけに人類を代表させるのはけしからぬと言う。ここでのフェミニストというのは、俗流カタカナ英語の「女性を尊重する男性」のことではなく、男性と対等な女性の権利を強く主張する人々のことである。

男に人類を表す man を使い、女性を wife man（女の人類）の短縮形である woman で表すのは差別だというのだ。フェミニストたちはもっと具体的に、chairman（議長）の man は男性であるというイメージを強調し、女性が議長になることの妨げになっていると批判し、中立的な chairperson や chairone に言い換えるべきだと主張した。当然人類を man とするのもよくないので、human とすべきだと主張する。human にも man が入っているではないかという疑問がでるかもしれないが、こちらは語源がラテン語の homo から派生した humanus で、男女にかかわりなく「人類」を指す言葉である。

また男の male に対する女の female も同じことではないかという批判も当たらない。male の語源が masculine（男らしい）と同様にラテン語の男を表す masculus に由来するのに対して、

femaleはラテン語の女を表すfemina（フェミニズムもこれに由来する）から派生したfemellaに由来するもので、manとwomanのような関係にはないのである。こうしたフェミニストたちの主張はかなりひろく社会的に認知され、『聖書』の最近の英訳本などでは、「神はご自分にかたどって人を創造された」というくだりの、God created manがGod created human（あるいはhuman beings）に書き換えられたりしている。

同じような文脈で、statesman（政治家）、salesman（セールスマン）、spokesman（スポークスマン）なども、statesperson、salesperson、spokespersonに変えることが推奨され、また男優actorと女優actressのように女であることをあえて強調する語尾-essにも批判が加えられ、フェミニズムに共感する意識的な女優たちは、男女を問わずactorと呼ぶべきだとする。同じ趣旨で、かつてスチュワーデス（stewardess）と呼ばれた飛行機の女性客室乗務員は、現在ではflight attendantと改称されている。

こうした言葉遣いに対する批判は、言語に潜む女性差別を意識させるという点では意義があるが、あまり末梢にこだわった言葉狩りには賛成できない。良くも悪くも言葉は歴史的な産物なので、すべてを改めるとなると、言語の構造そのものを崩壊させてしまいかねないからである。たとえば、西欧語には名詞に性別があり、男性名詞、女性名詞、中性名詞の区別がある。フェミニズムの立場からすれば、これ自体が差別だと言えるかもしれないが、フランス語やドイツ語では、名詞の性を撤廃すれば、言語として成りたたなくなってしまう。英語ではほとんど名詞の性は残っていないが、それでもship（船）を代名詞で表すときには女性形のsheが使われるといった形が残っている。現在ならsheとすべき必然性はなさそうなので、itにしてもかまわないと思うが、書き手は英文学的教養を疑われることになる。

代名詞に性がからんで、翻訳で実際に誤訳を生む場合がある。それはtheyである。この単語は男女を問わず三人称複数の代名詞として使われるが、「彼ら」と訳すことに馴れすぎてしまっているために、「彼女ら」とすべき女性だけの集団に対して、うっかり「彼ら」としてしまうことがある。男女混合の集団なら、フェミニストからお叱りをうけようとも、日本語としては、「彼ら」と訳すほかかない。

フェミニストの主張による言葉遣いの変更のなかで、私も双手をあげて賛成なのは、女性の敬称としてのミズ（Ms.）の採用である。かつて、男はミスター（Mr.）だけですむのに、女性の場合、未婚者はミス（Miss）、既婚者はミセス（Mrs.）と使い分けることを強いられていた。ミズはこの不必要な差別をなくすために考えだされたものである。

男と女は生物学的にも明確なちがいがあるので、区別する（差別ではなく）のは不合理とはいえないが、独身か否かを区別するのは社会的差別としかいえない。Ms.は一九四九年に提案されて以来、急速にひろまり、七三年には国連でも公式に採用され、現在では世界中の入国審査用書類に、Ms.の項目が載るようになっている。

特発性骨折　spontaneous fracture

なんらかの病的原因によって骨が脆くなっているために、ふつうなら折れないような軽い衝撃で生じる骨折が特発性骨折で、病的骨折とも呼ばれる。病的な状態をもたらす原因としては、骨の腫瘍、骨髄炎、遺伝性の疾患など多様なものがあるが、もっとも一般的なのは骨粗《こつそ》鬆症《そうしょう》である。これも一種の老化現象であり、どんなに健康に気を配っても、意地を通しても、人間、病気になるときには病気になる。

問題はここで「特発性」と訳されている spontaneous のことである。これも非常に翻訳のむずかしい言葉で、いつも悩まされる。医学用語としては、このように「特発性」と訳されることもあるが、英和辞典に載っている一般的な用法では、「自発（的）」ないし「自然」と訳される。語源はラテン語の sponte で、これがもともと「自発的に」とか「ひとりでに」という意味なのである。

どういうときに使われるかといえば、外部的な要因がかかわらずに、自然に生じる事態に対してである。この骨折の場合には、バットで殴られたとか、自動車に衝突されたというようなことではなく、ちょっとぶつかっただけで骨が折れることを言っているので、あえて言うならば、「勝手に折れてしまった」という状況なのである。医学で特発性という病名が使われるのは、転移、感染、あるいは物理的原因などによらずに生じる疾患で、原因がその臓器そのものにあると考えられる、つまりその臓器が自然に病気になってしまう場合である。

医学用語の特殊性かもしれないが、あまり適切な訳語とは思えない。実際に医学でも「自然流産」や「自然気胸」のように、spontaneousを「自然」と訳している例は少なくないし、なかには、安静時狭心症（spontaneous angina）のように状況をうまく捉えたすばらしい訳語もある。

要するにspontaneousは、外部からのきっかけによってではなく、自発的、あるは自然に生じることをいうのである。このspontaneousがからんで生物学史上の大問題となったのが自然発生説論争である。

自然発生（spontaneous generation あるいは abiogenesis）というのは、生命でないものから生命が生じることをいう。なにもないところにカビが生え、汚水にボウフラがわき、腐肉にウジがわいてくるといった現象から自然発生説が唱えられたもので、コムギと汚れた洗濯物をおいておくとネズミが自然発生するという説さえあった。この論争は前成説・後成説と微妙な関係があり、一般に前成説論者は自然発生説に反対で、後成説論者は好意的だった。なにもないところから生物が生じるというのは、後成説と同じく、神がすべてを創造し、決定したという考え方に対する異議申し立てにつながるところがあるからだ。

自然発生説はアリストテレスが最初に提唱したもので、要するにきちんとした観察がなされなかった、もしくはできなかったから生じた誤りだった。一七～一八世紀になって顕微鏡による観察が可能になると、異論がではじめる。最初にこの誤りを指摘したのは、イタリアの医学者レディ（一六二六－九七）で、レディは一六六八年に、肉を入れた容器を清潔なガーゼで覆えばウジがわかないことを示して、ウジはハエが卵を産みつけるからわくのだとして自然発生を否定した。これに対して、生物の体をつくる物質には生命力があると信じるイギリスの微生物学者ニーダム（一七一三－八一）は、ヒツジの肉汁を加熱して容器を密封しても時間がたてば微生物がわいてくることを示して反論する。これに対して、イタリアのスパランツァーニは、ニーダムの実験に不備があり、微生物が混入したのだとし、長時間の煮沸ののちに厳密に密封すれば微生物が出現しないことを示したが、ニーダムは長時間煮沸のために生命力が損なわれたのだと反論して、論争は決着がつかない。延々たる意地の張り合いがつづいたのである。一八世紀後半から一九世紀にかけてさえ、モーペルテュイ、ラマルク、ネーゲリ、ヘッケルといった大物が自然発生説を支持していた。

最終的な決着は一九世紀後半に、発酵の研究で知られるパスツール（一八二二－九五）によってなされる。パスツールは、大気中にある生命力が自然発生をもたらすとするルーアンの博物館長プーシェと論争をつづけ、一八六二年に有名なスワンの首フラスコを使った（空気は通れるけれども微生物は通れない）巧妙な実験によって、自然発生を完璧に否定したのである。

重要人物　significant figure

このsignificantというのも、翻訳の際には悩ましい単語で、場合によっていろいろ訳しわけなければならない。辞書を引けば、まず「重要な」「意義深い」「意味がある」といった語義がでてくる。つぎに言語学での「示差的」、そして科学にとって重要な統計学用語としての「有意な」というのがでてくる。ここで例にあげたsignificant figureの場合、figureには確かに「人物」という意味があり、a prominent figure（大立て者）といった表現もあるので、まちがっているとは思えないかもしれないが、「有効数字」と訳さなければならない。この場合のsignificantは「意味のある」という語義に連なるものだが、単に意味があるというのではなく、その精度を表すものである。

測定値にはかならず誤差がつきまとうので、どの桁までが信頼できるかを有効数字で示すのである。たとえば同じ一〇〇〇という数値でも、千の位しか信頼できないときには、一×一〇の三乗、小数点以下二桁まで信頼できるならば、一〇〇〇・〇〇と書くことで、その精度を表すことができる。有効数字は測定装置の精度によって決まってくる。

最小目盛りが一ミリメートルのふつうの物差しでは、ミリメートル以下の測定値は信頼性がない。最小目盛りが〇・〇一ミリメートルのマイクロメーターなら、ミリメートル表示で小数点以下二桁までの測定値が信頼できる。マラソンの距離は四二・一九五キロメートルと定められているが、この測定は、日本国内では長さ五〇メートルの基準ワイアを使ってなされるそうだ。この方法では、メートル単位が精度の限界になる。

有効数字で問題になるのは、異なる有効数値をもつものどうしを加減したり乗除したりする場合で、計算結果の有効数字は桁数の少ないほうに合わせなければならない。たとえば、マラソンの距離に二〇センチメートルの物差し分を足したらいくらになるかという問いは、有効数字の面から考えると無意味で、四二・一九五キロメートル二〇センチメートルと答えるのは正しくない。その程度の増分ではマラソンの距離は変わらないのである。

話はもどって significant だが、これは動詞 signify に由来する。語源はラテン語の signum（合図して知らせる）で、サイン sign も同じ語源からきている。わざわざ合図して知らせるのは、よほど意味のある大事なことと相場が決まっているから、significant に、「重要な」という意味が出てきたのである。言語学は専門外なので「示差的」というのが正確なところ何を指すのか確信はないのだが、「ちがいが明確に区別できる」ということのようである。

統計学における「有意な」という用法は、言葉としては「意味が有る」を漢語的に言い表したにすぎないのだが、専門用語としては、「確率的に偶然とはいえず、確かに意味があると思われる」結果のことを言う。ただ漠然と、確かにというのでは科学の議論にならないので、どれくらい確からしいかを示す尺度として有意水準というものを使う。

有意水準は、その結果が単なる偶然にすぎないのに、誤って意味があるとみなしている危険性をパーセンテージで示すもので、科学論文ではふつう五パーセントを使うが、厳密さを要求される場合には一パーセントの有意水準を使うこともある。五パーセントの有意水準で差があるというのは、九五パーセントの確率的安全性をもって意味があると見なしていいということなのである。

問題は英文で、significant difference とあるような場合で、ただ「相当大きな差がある」ということを言っているのか、統計的な処理をしたうえで「有意な差がある」といっているのか、区別がつかないことである。結果として文意がそう変わるわけではないのだが、自然科学書ではこのちがいは無視できないので、悩ましい。

しかし、別の意味で悩ましいのは、統計的な「有意性」が過剰に重要視されている風潮である。観察結果を文章で書いただけだと非科学的で、統計的な数値が掲げてあると科学的な論文だというような見方はまちがいである。データの統計的な処理は、直感的に把握した関係を数値的に裏づける手段にすぎず（データが膨大な場合には、直感的に理解できない関係を統計が明らかにしてくれるという場合もあるが）、大事なのは「関係」を見抜くことのほうなのだ。

英国の宰相で文学者でもあったディズレリーが、「世の中には三種類の嘘がある。ふつうの嘘と、真っ赤な嘘と、統計だ」と言ったという話は有名だが、統計はしばしば大嘘をつく。同じデータから、二人の人間がそれぞれの説に都合のいいような数値だけを取り上げて統計処理し、有意性のある結果が出たとして、正反対の結論を導き出すこともあながち不可能ではないのだ。

統計的処理をするときの数値は、数学的には等価なものとして扱われるので、標本数が多いほど、信頼性の高い推計が得られる。しかし、自然科学、ことに生物学においては、一つ一つのデータは必ずしも等価ではない。たとえば一〇〇個の標本を集めたとしても、その集め方によって価値は異なる。季節的あるいは数年にわたる周期で変動があるような現象で、ある一日に一〇〇か所で集めたデータと、ある一地点で一〇〇日にわたって観察したデータは、数こそ同じだが、その価値はまったく異なる。また、実験においても一人の同じ研究者が一〇〇回の実験で得たデータよりも、二〇人の研究者がそれぞれ五回おこなった計一〇〇個のデータのほうがはるかに信頼できる。一人の研究者がどれだけ精密な統計処理をしようと、それはデータ処理の正確さを表すだけのことで、観察事実の真実性を保証するものではないのである。

多くの頑迷なトンデモ論者は、私の実験ではこうなるのに、それを他の人が追試できないのは予断があるからだと言い張るが、他の研究者によって追試できないような結果は、統計上の有意性をいくら振りかざそうとも、科学的な信頼性をもたないのである。英語では同じ belief であっても、それは科学的「信念」の題ではなく、単なる「信仰」告白にすぎないのだ。

彼は病人だ　he is patient

これはよくある文法的な誤訳で、もし病人ならば he is a patient でなければならない。「彼は忍耐強い」あるいは「彼は寛容だ」とすべきものである。忍耐強くなければ意地を張りとおすことはできないし、病気の苦しみに耐えることもできない。patient は苦しみに耐える人だから、医者から見れば、「病人」あるいは「患者」ということになる。patient の語源はラテン語の動詞 ptior（耐える、許す）だが、この変化形の passus から英語の passion が生まれた（ついでながら受動態、passive も同じ語源から出ている）。この語はふつう「情熱」と訳されるが、この情熱はけっして優雅なものではなく、理性によって抑えがたい激しい感情、耐えることに悶え苦しめられるような激情なのである。つまり、passion は苦しみに耐えるということに主眼のある言葉なのだ。キリスト教徒なら、この passion がキリストの「受難」を意味することを知っているはずだ。

中南米原産の passionflower（和名はトケイソウ、属名は *Passiflora* で、世界に五〇〇種ほどが知られているらしい）という多年草がある。インカ帝国を征服したスペイン軍に随行したイエズス会宣教師たちは、花をつけたこの植物を見て、アッシジの聖フランチェスコが夢に見たという（磔になったイエスの姿を表した）「十字架の花」だと信じ、flos pasionis と呼んだ。それが英語になったのが passionflower なのである。したがって、これは「情熱の花」ではなく「受難の花」というべきなのだ。このグループの植物がつける果実は食用になり、パッションフルーツとして売られているが、このパッションも当然ながら受難であって情熱ではない。

病人が耐えるのは心身の痛みだが、英語には痛みを表すいくつかの言葉がある。もっとも一般的なのは pain で、あらゆる苦痛に適用されるが、こちらの語源はラテン語の poena（罰）で、なにかの罰として与えられる痛みがもともとの意味だった。そこから転じて、何かを得るための代償としての苦労や骨折りという意味でも使われる。No pain, no gain というのは、努力なしで得られるものはないという諺である。

もう一つよく使われるのが ache で、特定の臓器の痛みを指すときには、これを後ろに付ければいい。headache（頭痛）、face ache（顔面神経痛）、stomach ache（腹痛）、muscle ache（筋肉痛）、joint ache（関節痛）、tooth ache（歯痛）back ache（背中の痛み）といった具合だが、heart ache は心臓の痛みという使われ方がないわけではないが、ふつうは「胸の痛み」、つまり切ない心の痛みのことを指す。

病人とは病気に罹った人のことだが、病気にもさまざまな英語表現がある。もっともよく使われるのが ill と sick だが、米国ではほとんどの病気を sick と呼ぶのに対して、英国ではふつう ill を使う。これからしても、両者のあいだで根本的なちがいはないことがわかるが、あえていえば、ill が主として体の不調、不快を表すのに対して、sick は病気による気分の落ち込み、心の痛みに重きがある。したがって homesick（ホームシック、里心）や lovesick（恋煩い）という言い方はあるが homeill や loveill とは言わないのである。

医学的にはもっぱら disease が使われるが、これは dis（反対あるいは非、無を表す接頭辞）+ease（安楽）で、unwell や unhealthy あるいは disorder と同じく、健康（もしくは正常）ではないということを言っているのである。mal も「不良」「不全」「異常」を表すという接頭辞として医学用語にはしばしば使われるが、この系統で、慢性的な病気や弊害を表す malady という言葉があり、a social malady（社会の病弊）といった使われ方をすることもある。

病気の症状あるいは症候のことを symptom（ほかに sign という言い方もある）と言うが、この語源はギリシア語の symptoma で、この sym は「共に」という接頭辞で、「共に起こっていること」、つまり病気の随伴現象であることを指し、転じて、「徴候」「前兆」という意味にもなる。

一つの病気には、さまざまな症候が現れるので、病気を symptom の集合体として捉えることも可能で、それが症候群（syndrome）である。たとえば数年前に世間を騒がせたＳＡＲＳは Severe Acute Respiratory Syndrome（重症急性無呼吸症候群）の略であるし、俗にダウン症と呼ばれている病気も、正式名称はダウン症候群である。近頃よく話題にのぼるメタボは metabolic syndrome（代謝症候群）の略である。ほかに、アスペルガー症候群、ギラン・バレー症候群、サヴァン症候群、パーキンソン症候群など、ふつうに使われる病名だけでも二〇〇以上ある。

ところが最近では、この言葉の響きが受けるのか、医学以外の分野においても、付随して起こる一連の現象をひっくるめて言うのに、「シンドローム」ないし「症候群」というのがやたらに使われるようになった。クロワッサン症候群、ガリバー症候群などといったものは、この類だが、一見したところでは病気の名前のように思えてしまうので、紛らわしいことこのうえない。

翼幅　wing span

航空機用語としては、これが正しい訳で、「よくふく」と読む。航空機の翼の左端から右端までの距離をいうのだが、wing は動物にもあり、その場合には訳がちがってくる。窮屈の反対は、「羽根を伸ばす」だが、鳥類の wing span は翼をいっぱいにひろげたときの両端のあいだの距離で、「翼開長」あるいは「翼開張」と呼ばれる。哺乳類のコウモリについても、この表現は用いられる。昆虫にも wing があるが、こちらはふつう翅と呼ばれるので、wing span も「翅開長」と訳さなければならない。

span は「ピンと張り渡す」という意味のドイツ語 spannen に由来する。動詞の span はそれを受けて、川に「橋を架ける」、視線を遠くの地点まで飛ばすという点で「見渡す」、想像力が遠くの地点まで「広がる」、そして体の一部（手や指）を伸ばして、大きさを「測る」といった使い方をされる。名詞の span は、何かが張り渡された二点のあいだの間隔ないし距離を表す言葉となった。杜と柱のあいだの距離、すなわち「径間」や橋梁の「スパン」などは、空間的な間隔を表す典型的な例だが、時間的な間隔を表す「期間」「寿命」といった語義もある。

ここで私が問題にしたいのは、動詞の「測る」に関係した名詞 span の意味である。翼開長あるいは翅開長は、動物が「はね」を一杯にひろげた長さだが、人間が両腕を左右に一杯に広げた長さ、右手の中指の先端から左手の中指までの長さも span と呼ばれ、日本語では「指極」という身体計測上の専門用語がある。太い木の幹の周囲の長さは、両腕を水平に伸ばすのではなく、木に巻きつけて、何人が手をつなぎあわせれば一周できるかで測ることができる。こうした測定値も span という単位で表される。これに相当するのが日本語で「抱え」、漢語で「囲」である。『太平記』巻二四に「百囲に余る大木」という用例があるが、これは漢文体の誇張表現だろう。この計り方での「囲」(span) はほぼ身長に等しい (西洋人なら一八〇センチメートル前後、日本人なら一六〇センチメートル前後) ので、百囲なら周囲およそ一六〇メートルということになってしまうが、実在する世界最大の巨木セコイアでもせいぜい三〇メートル強しかない。

ところが、長さを示すのに使われるもっと小さな span もあるのでまぎらわしい。英国の単位としてのスパンは、親指と小指を一杯に伸ばした長さのことで、ほぼ九インチに相当する。メートル法に換算すれば約二三センチメートルである。したがって、英文で長さが span で書かれているときには、「囲」なのか、それとも指幅なのか、どちらのことかを確認しないと、トンデモナイ誤訳をしてしまうことになりかねない。

長さの単位に身体尺度を使うのは西洋も日本も同じことで、英語の長さの基本単位フィートは、約三〇・五センチメートルであるが、これは足の長さを基準にしたものされる。ただし、いくら西欧人といっても足の長さはそんなにはないから、靴を履いた長さだろうと考えられている。不思議なことにフィートは日本の尺と長さがほぼ等しい。漢字の「尺」はもともと親指と中指を一杯に伸ばした長さ（約一八センチメートル）だったが、時代とともに長くなり、近代の尺は大工が曲尺で使っていたものを基準にしており、これは一歩の長さを単位としている。一二進法の英国ではフィートを一二等分したものをインチ（約二・五センチメートル）とするが、これも、もとは親指の幅を基準とする身体尺度だった。英語の inch はラテン語で一二分の一を表す uncia に由来する。十進法の日本では、「尺」を一〇等分したものが「寸」で、約三センチメートルになる。

もう少し長い距離の単位として、英語にはヤード（yard）とマイル（mile）がある。一ヤードは三フィートで〇・九メートルに相当する。ヤードの起源については諸説があるが、その一つでは、イングランド王ヘンリー一世が、臣下から長さの単位をどうすればいいかと尋ねられたときに、「我が胸の中央より指先までの長さをもってせよ」と答えたことによるとされる。これは先ほどの span のちょうど二分の一にあたる。日本語で、これに近い単位は「間《けん》」だが、こちらは六尺なので、ヤードのほぼ二倍になる。

マイルの語源は million の場合と同じく、千を表すラテン語 mille で、古代ローマの二歩を表す長さの単位パッスス（passus）の一〇〇〇倍の長さを表していた。一パッススは約五フィートだったので、一マイルは五〇〇〇フィートで、約一・五キロメートルということになる。しかし、マイルは国によって扱いがちがい、また歴史的な変遷もあって、異なる距離を指す場合がある。現在の国際標準では一マイルは一七六〇ヤードとして定義され、約一・六キロメートルに当たるが、航空や航海で使われる海里（nautical mile）は約一・八五キロメートルである。

日本でマイルに近い単位として、「里《り》」がある。これも歴史的な変遷があって距離はさまざまに変わるが、一八九一（明治二四）年に制定された度量衡法では、一里＝三六町、一町＝三六〇尺と定められたので、一里をメートル法に換算すれば、約四キロメートルで、これはふつうの人間が一時間で歩ける距離に相当する。ただし、同じ「里」の漢字でも中国では五〇〇メートルなので、注意が必要である。

＊

どんな問題でも意地を通せば窮屈なのだが、いちばん憂鬱なのは、科学的な説明をしようとするとき、「科学で説明できないことがある」というフレーズで議論を打ち切られることだ。もちろん、科学があらゆることを説明できるわけではない。しかし、科学的に説明できることを非科学的に説明する必要はない。科学的知見は、絶対的に正しいと論証することはできないが、長い時間をかけて現実世界との照合をくりかえしてきた経験的真理の集積なのである。

8章　人の世はすみにくい

動物にもそれなりの智恵があり、情に流されることがあるとしても、ふつう人間のように、むやみな希望を抱いたり、絶望したり、あるいは反省したりすることはないだろう（チンパンジーやゴリラなどの類人猿はおそらく人間に近い感情をもっているだろうが）。自意識がなく、過去の経験が記憶として蓄積されることがないと考えられるからである。喜怒哀楽、怖れや欲は人間らしさの表れではあるが、複雑な人間社会では、それが人間関係に軋轢やしがらみを生みだし、合理的な判断を狂わせる。しかしあまりに理詰めでも息苦しい。適度なところですますことのできない人が多すぎると、まことに、人間の世はすみにくいのである。『草枕』の主人公は、すみにくさがこうじると、すみやすいところへ引っ越したくなると語っており、それがまあ良識ある大人の対応だろう。しかし、ときに人は、逃げだすあても、方策もない境遇に追いつめられたとき、敗北を受け入れ、地道な再出発を志すかわりに、安易なやり方で状況の打開をはかろうとする。そうして、犯罪が生まれる。

刑事　detective

犯罪がおこれば、警察は犯人を捜し出し、捕まえることになる。その犯罪捜査にあたるのが刑事である。detective はふつう「刑事」と訳されるのだが、ミステリー小説では「探偵」である。英文にこの単語が出てくると、どちらをとるべきか悩まされる。現代の米国でも、主役は刑事でも、私立探偵（private detective）が活躍することもあるので、単純にはきめてかかれない。

ところで刑事とはどういう身分なのだろうか。日本のドラマでもしばしば刑事という呼び名が使われるが、じつは正式の役職名ではなく、警察の私服捜査官の総称で、役職としては警部、警部補およびその下ではたらく警察職員を指す。日本の警部、警部補というのは、警察法に規定された階級の一つで、頂点の警視総監から、警視監、警視長、警視正、警視につぐ地位にあり、警部、警部補より下の巡査部長、巡査を合わせると九階級になる。いわゆるキャリア組は警部補で採用されるのに対して、地方公務員として採用されるふつうの警察官は巡査から始め、三段階の試験を通じて巡査部長、警部補、警部へと昇進する。例外はあるがたたきあげの警察官にとって刑事になるのは大出世ということになる。

米国の警察制度は複雑で、州によって仕組みも人事も異なるが、小説やドラマによく出てくるニューヨーク市警の場合には、つぎのような階級がある。トップは市警本部長（chief of department）、その下に局長（bureau chief）、局長補佐（assistant chief）、副局長（deputy chief）、警視正（inspector）、警視（deputy inspector）、警部（captain）、警部補（lieutenant）、巡査部長（sergeant）、刑事（detective-investigator または -specialist）、巡査（police officer）という順序である。ごらんの通り、米国の刑事は、日本の刑事よりも階級としては下なのである。日本の場合もそうなのだが、detective は本来、事件を捜査（detect）する人間なので、民間であれば探偵、公務員であれば刑事になるというだけのことなのである。日本の探偵は国家資格でも、認定制でもなく、公安員会に届け出るだけで開業できる職業で、なんの法的権限もない。米国の探偵は、これも州によって異なるのだが、基本的には公的免許制度があり、州によっては銃の携帯が許可され、身分証を交付される。なお、財務省などの detective は、本来の語義に準じて、「調査官」と訳される。

殺人事件の場合には、犯人を突き止めるための検死または検視（postmortem）が不可欠だが、それを担当するのが coroner または medical examiner と呼ばれる人々である。翻訳ではどちらも「検死官」と訳されることが多いが、話はそれほど簡単ではない。coroner は国によって地位も仕事も異なるのだが、米国においては、ふつう選挙で選ばれる公務員で、死因調査と身元確認などを担当する。大多数は医学博士ではなく、任務に必要な知識の教育を受けていればいいだけである。日本でこれに当たるのは、「検視官」だが、これも役職名ではなく、死因解明のための検視をおこなう警察官の通称にすぎない。ただし、検視に携わる警察官は、原則として、警察大学校で法医学の単位を習得し、一〇年以上の業務経験をもつ、警視以上の地位でなければならない。

これに対して、medical examiner はふつう医学博士号をもつ法医病理学者で、パトリシア・コーンウェルのミステリー小説で活躍する女検屍官スカーペッタの正式な肩書きもこれである。日本でこれに当たるのは「監察医」だが、監察医は米国の medical examiner のように、事件のたびに検視するということはなく、知事の命令によって行政解剖を、裁判所の命令によって司法解剖をおこなうだけである。

捜査の結果、被疑者が確定すれば、起訴されて裁判になり、lawyer の登場である。ふつう弁護士と訳されるが、弁護士とはかぎらず、裁判官や検察官も含まれるので、やはり画一的に弁護士とするわけにはいかない。明確に弁護士を表したいときには、米国では attorney-at-law と呼ぶ。この attorney は代理人という意味で lawyer と同様、やはり検察官にも使われる。裁判で被告側弁護人が defense attorney であるのに対して、検察官は prosecuting（訴追する）attorney であり、地方検事は district attorney、州検事は state attorney、司法長官は attorney general なのである。日本にも「ヤメ検」という言葉があるが、検事が退職後に弁護士になるというのは、ありふれたことなのである。地方検事は選挙によって選ばれるので、落選はすなわち失業だから、弁護士になるというのはごく自然な選択肢なのである。

夜間用時計　night watch

night watch というのは、小説、映画、ドラマの題名にもなっているので、こんな誤訳をする人はまずいないだろうが、ふつう夜警のことである。しかし携帯電話のアプリケーションに night watch というのがあって、これは夜間用の時計という意味らしいので、起こりうる誤訳かもしれない。夜警は犯罪を未然に防ぐための予防措置である。しかし、時計がどうして夜警になるのだろう。じつは、名詞 watch のもともとの意味は「見張り」とか「警戒」という意味で、「時計」はあとから出てきたものなのである。

watch の語源は古英語の waeccan（じっと見つめる）で、これは wake の語源 wacian（目覚めている）と共通のゲルマン語 wakaejan（目を覚まして見張る）に由来する。この wakaejan からは現代英語の wait や awake も派生している。動詞の watch は、この語源を引き継いで、「見張る」「警戒する」「不寝番をする」「看護する」とかいった意味で使われるだけだが、名詞 watch には、さまざまな派生的な意味がある。

「警戒」からは storm watch（暴風雨警報）のような「警報」という意味、「不寝番」からは「通夜」、watch に当たる人間という意味で「番人」「監視人」「当直」といった用法がでてくる。船における当直番のことはいまでも「ワッチ（watch）」と呼ばれる。夜通しの「見張り」は身が持たないので、一定の時間で交替する必要がある。この交替時間も watch なのだ。おそらく見張りの交替時間に由来すると推定されるのだが、古代から夜をいくつかに等分した時間単位があり、英語ではおしなべて watch と表記される。ヘブライ人は三等分、古代ギリシア人は四～五等分、古代ローマ人は四等分し、その一区分が watch だった。古代中国でも同じことがなされ、夜を五等分した一つを「更」と呼んでいた。米国のテレビ・ドラマ「サード・ウォッチ」の watch もこの意味で、警察の第三勤務シフトのことである。この watch の複数形 watches はすべてをあわせるので、夜の全体、つまり夜間のことになる。したがって、night watch は「夜警」になるのだが、in the night watches は「眠れない夜」という意味になるので要注意。night watchman は夜警員でいいのだが、クリケット用語で、イニングを引き延ばすために出される代打者という特殊な意味があるのに驚かされた経験がある。

どのようにして、watch が時計を表す単語になったかについては、時計の歴史を見なければならない。時計の前史に日時計、水時計、ロウソク時計、砂時計があったことはいうまでもないが、それは省いて、機械時計、つまり clock の歴史に焦点を絞ろう。機械時計の重要な構成要素である脱進機が中国の発明であることは、ジョセフ・ニーダムらによってつとに指摘されていることだが、ここでは西洋の機械時計に限定しよう。英語の clock は watch を含めてあらゆる時計の総称として使われるが、これは鐘を意味する中世ラテン語 clocca を語源とする。初期の時計は教会や修道院で、時報として使われたのである。中世の修道院では祈祷の時間を正確にするために時計を必要とし、機械時計の発達に修道院が大きな役割を果たした。一四世紀には、機械時計が教会で使われるようになっていて、たとえば、一三八六年に建造された英国のソールズベリー大聖堂の大時計は現在も稼働している。動力は滑車につながれた錘で、歯車式の脱進機を備えていた。教会以外で大時計が使われるようになるのは一五世紀からで、やがて振り子時計の発明が起こる。振り子時計の原理はガリレイの発明だが、実際に設計したのは一七世紀中頃のオランダ人クリスティアーン・ホイヘンスが最初とされている。近代的な壁掛け式の大時計（grandfather clock）が発明されるのは、一六七〇年頃で、洗練された脱進機の開発が大きく与っていた。そして一六七五年にホイヘンスがロバート・フックの板バネを改良したヒゲゼンマイを発明し、これによって懐中時計（pocket watch）が可能になった。

いよいよ、なぜ小型の clock が watch と呼ばれるようになったかの説明をしなければならないのだが、いろいろ調べてみたが、正直なところ、よくわからない。ただ、ＯＥＤに載っている一つの説明が可能性としては高いのではないかと思うので、紹介しておこう。初期の watch は目覚まし時計 alarm clock で、この alarm が wecche（wake）と同義とみなされていたために、wecche clock となり、これがさらに watch clock となり、最後に clock が取れて、watch だけになったのではないかというのである。

人口　population

もろもろの人間の集まりを、主として数に着目して捉えたものが population である。この言葉はラテン語の populas 、すなわち英語の people 、日本語でいうなら「人々」から派生したものである。人文系の学問なら、「人口」と訳してまず問題はない。しかし、これを人の数だけを表す言葉と勘違いしてはならない。population は人々が一定の地域にすみ、集団をつくっている状態を指すのであって、その数という点だけをみれば、「人口」という訳がでてくる。ところが population がもつ属性は数だけではない、年齢をはじめ、どういう人々によって構成されているかも問題になる。なによりも重要なのは、それが一つのまとまりとして存在しているという事実である。

生物学においては、その点が訳語の問題として浮上する。まず数の点では動物の数を「人口」というわけにいかないので、一般に「個体数」という訳語が当てられる。最大の例外は水産業界で、この業界および学会では population を「資源量」と訳すのである。漁業関係者にとって、漁獲の対象となる魚の個体数は資源量にほかならないのは理解できるが、これではあまりにも魚に対して無情ではないか。生き物ではなくただの資源にすぎないという視点は、動物愛護の精神にはなはだしくもとると感じられる。魚類学会にとって、魚の和名から差別的な表現を追放するより、この訳語を「個体数」に改めるほうが、ずっと重要なのではないかとさえ思える。

複数の個体がまとまりとして存在するという側面をpopulationが表している場合には、「個体群」という訳語が当てられる。生態学的にはふつう「個体群」は、構成する個体間に相互作用にもとづく密接な関係があり、他の同種個体群と空間的に多少とも隔離された地域集団と定義される。個体群生態学（population ecology）は、主として、個体群の密度、分布様式、個体数の変動、出生率、死亡率、年齢構成、性比などを研究する学問である。こうして定義される「個体群」は、動物では「群れ」にほかならない。

誰もが知っている童謡「メダカの学校」では、メダカの群れが学校に見立てられている。学校は英語でschoolというが、魚の群れのことを英語ではやはりschoolという。作詞家（茶木滋）がこのことを知っていたのかどうか、ずっと気になっていたのだが、先日たまたま、そのいわれが書かれたホームページ（「メダカあれこれ」）を見つけて、長年の疑問が氷解した。それによれば、この曲がつくられたのは昭和二六（一九五一）年で、茶木さんは前年にＮＨＫの依頼を受けていて、六歳の息子さんと小田原市郊外の荻窪用水を散歩していたとき、メダカの群れが素早く身を隠した際の息子さんの言葉を思いだしたのだという。息子さんは「ここはメダカの学校だもの、まっていればまた来るよ」と言ったそうだ。終戦後ののどかな田園風景をしのばせるエピソードだが、どうやら、作詞家には英語のことは念頭になかったようである。もっともこの二つのschoolはまったく語源の異なる単語で、学校のほうがラテン語のスコラに由来するのに対して、群れのほうは、もともと魚などの群れを表すオランダ語由来の中世英語であった。

日本語では相手がどんな動物でも、「群れ」の一言で足りるが、牧畜文化を基本とする英語圏では、動物によって異なった単語が用いられる。魚は先の school のほかに shoal もあり、大型草食獣は herd、アザラシやクジラは pod、キツネは skulk、ライオンは pride、オオカミは pack、小鳥は一般に flock だが、ヒバリやウズラは bevy、群れが小さいと covey、ガチョウはその騒がしい鳴き声から gaggle、ハチなどの昆虫の群れは swarm と呼ばれる。ほかにも batch, clump, cluster, clutch, crop, crowd, gang, rout, troop, band, throng, muster, drove, tribe, mob, brood など一般的に群れを表す言葉は無数にある。

こうした異なった名前は動物の種類のちがいを言っているだけではなく、群れの性質も反映されている。たとえば、オオカミの pack は緊密な狩猟部隊の編成を表しているので、狩りをするリカオンやハイエナの群れにも使われるだけでなく、ときには人間の戦闘集団を指す場合もある。ライオンの pride は雄ライオンの誇らしげな性徴からきたもので、同じように雄の派手さが際だつクジャクの群れにも用いられる。herd は人間によって飼い慣らされた従順な家畜の群れが原義で、侮蔑的な意味合いで人間にも使われる。flock も従順な家畜だが、こちらはヒツジや家禽のような小型の動物の群れを指し、キリスト教ではよき仔羊たちという意味で信者を指すのにも用いられる。pod はもともとエンドウの豆の莢を意味し、丸々とした体つきの動物が並ぶさまを見立てたものである。

生物学では population に「個体群」ではなく「集団」という訳語を当てなければならない場合

がある。それ集団遺伝学（population genetics）に関係した分野においてである。集団遺伝学における population は、有性生殖を通じて遺伝子の交流がある個体の集まり（メンデル集団）のことで、一つの遺伝子プールを共有する集まりとみなすことができる。その集団内の遺伝的構成がどのようにして変化するかを統計学的な手法を用いて解析するのが集団遺伝学なのである。この統計学的な扱い方の洗練から数理統計学が生まれたので、統計学においても、population は「集団」あるいは「母集団」と訳されることになっている。

野菜状態　vegetative state

これは正しくは植物状態のことであり、すなわち大脳は死んでいるが脳幹は生きていて、生命だけは維持できる状態を指す言葉である。すみにくい世の中にはいろんな不幸や不運が待ち受けているが、植物状態は、本人よりもまわりの人間にとって、もっとも耐え難い苦しみの一つである。しかし、なぜ vegetative なのだろう。不思議ではないか。

この vegetative という形容詞は、じつに多義的な用法があり、使われ方は大きく三つに分けることができる。第一は栄養、成長、繁殖を意味するもので、成長点（vegetative point）や栄養繁殖（vegetative propagation）、増殖期ファージ（vegetative phage）といった用例がこれに当たる。植物学で使われる栄養器官（vegetative organ）という言い方もこの範疇に入るもので、生物体において、生殖に関係する器官（花）を除く器官の総称で、具体的には根、茎、葉を指す。第二は、植物そのものを意味するもので、植物界（vegetative kingdom）や植生回復（vegetative restoration）といった用例がこれに当たる。第三は、ただ生きているだけの無為な状態を意味するもので、無為の生活（vegetative life）や、ここでとりあげた植物状態がその用例である。名詞形の vegetation もこれに準じて、植物性機能、植生、無為の生活などの意味をもつ。

なぜ、このような幅広い意味をもつかという根元をたどれば、アリストテレスまで話がいきつく。アリストテレスは『霊魂論』において、霊魂のあるなしによって生物と無生物を分け、生物における三段階の霊魂を区別した。すなわち、動物・植物に共通の霊魂として植物的霊魂、動物にのみ見られる動物的霊魂、そして人間のみがもつ霊魂すなわち理性（ロゴス）である。植物的霊魂（psyche threptikon）というのは、生物が生きていくための基本的な機能である栄養、成長、生殖をつかさどるものであり、動物的霊魂は動物を動物たらしめる感覚と運動をつかさどる。この psyche threptikon が英語では vegetative soul と翻訳され、そこから、栄養、繁殖などの第一の意味をもつことになる。そしてのちに、この霊魂の持ち主としての植物（vegetable）を表すという第二の意味が現れる。

第三の意味も、この霊魂の区別に起源がある。この区分から、消化、排泄、生殖などの植物性機能を担うのは植物性器官（こちらも vegetative organ）、感覚、神経、筋肉などの動物性機能を担うのは動物性器官と呼ばれることになり、前者を支配している自律神経系は植物神経系とも呼ばれる。人間の脳が損傷を受け、感覚、運動などの能力を失い、植物性器官のみがはたらいているのが、植物状態なのである。つまり、動物的な機能を失い、ただ生きているだけの生活を植物的と呼ぶ言い方は、ここから来ているのである。ついでながら、植物人間という表現は、差別的ニュアンスを濃厚に帯びているので、植物状態と呼ぶことが推奨されている。

「植物性」を表す言葉には、ほかに botanical と plant がある。botanical はギリシア語の botanikos に由来するが、これは herb と同じ意味である。植物学は botany、植物園は botanical garden、植物学者は botanist で、vegetarian ではない。plant はラテン語の planta に由来するが、こちらは、新芽とか苗という意味なので、単なる植物にとどまらない使い方がある。たとえば in plant は「成長する」とか「芽が出る」、lose plant は「枯れる」という意味になる。また bananas grow on plants, not trees（バナナは木にではなく草になる）というように、木本に対する草本という意味にもなる。動詞としては、「植える」とか「種を蒔く」という意味で使われるのはいうまでもない。

エンジニア　engineer

人間の職業はさまざまであるが、人類の歴史を通じて職業による差別が存在した。それはこんな短い文章で論じられるようなテーマではないが、もっと身近な話題として、結婚相手の職業に対する女性からの嗜好がある。結婚の相手として金持ちを望むのを咎めることはできないが、職業と金持ちのあいだには一定の相関がある。一般に医者や弁護士、銀行員、一流企業の社員は金持ちになりそうだと期待されて、人気が高い。こうした職種はホワイトカラーと総称される。それに対して、作業服が似合うという意味でのブルーカラーは、結婚相手として一般に有望とはみなされないが、そのなかで人気のある職種がエンジニアである。エンジニアといえば、格好良く聞こえるが、翻訳しだいで印象はがらりと変わる。実際、場合によっていろいろ訳し分けなければならないのである。

英語 engineer のもとになっているのは engine で、いまならまず「エンジン」と訳されることが多いだろうが、歴史的には、それは非常に新しい使い方である。語源はラテン語の ingenium で、何かを産みだす、あるいは引き起こすものという意味で、複雑な機械や装置、すなわち「機関」や「原動機」を指した。初期の原動機は蒸気機関が主役であったが、いまやその座は自動車のエンジンに代表される内燃機関にとってかわられた。しかしこれもいずれ電動モーターにとってかわられるだろう。ingenium には何かを産みだす「天賦の才」の意もあり、英語の ingenious はこれに由来する。

なによりまず engineer は、機関を扱う人のことである。船における「機関士」、蒸気機関の「機関手」、陸軍の「工兵」、海軍の「機関兵」はすべて、engineer である。もう少し対象をひろげて機械一般を相手にする人間にもこの単語は適用され、「技術者」「技師」、さらには「工学者」などと訳される。「整備工」「修理工」も engineer である。現代の engineer は、「エンジニア」とカタカナ書きされることが多く、ＩＴ産業におけるシステム・エンジニア（ＳＥ）などというのが典型的な例である。ingenious の意味合いを残して、「策士」「立案家」「推進者」などという意味でも使われる。

動詞の engineer は、最後の使われ方とつながっていて、「巧みに処理する」「設計する」「運営する」「操作する」といった意味をもつ。この動詞を名詞化したのが engineering で、ふつう「工学」と訳される。ところが「工学」にはもう一つ technology という英語がある。この語はギリシア語の tekhne に由来するもので、英語の art や craft に近いニュアンスをもち、「技術」と訳されることが多い。両者の明確な区別はないようだが、engineering はモノをつくりあげることに重点があるのに対して、technology は個別の製作過程に重点があるようである。工学を専門とする工科大学あるいは工業大学については、カリテク（カリフォルニア工科大学、California Institute of Technology）やＭＩＴ（マサチューセッツ工科大学、Massachusetts Institute of Technology）、日本の東京工業大学（Tokyo Institute of Technology）の例にみるように、Institute of Technology

を使うのがふつうだが、総合大学の工学部は、Faculty of Engineering を使うのが一般的である。engineering にかかわる人間が engineer であるのに対して、technology にかかわる人間は technician である。「技巧家」「テクニシャン」といった使われ方もあるが、ふつうは「専門技術者」あるいはもっと広く「専門家」のことである。かつての米国陸軍では「技術兵」を technician と呼んでいたが、現在では specialist が使われることからもわかるように、technician はスペシャリストのことなのである。

自然科学書の翻訳の際に悩ましいのは、生物学研究室の（laboratory）technician の訳である。「技術補佐員」「研究補助員」「技術支援員」「技能員」「技術員」などと訳されるのだが、これが単純ではない。ふつうの laboratory technician は、生物学か関連分野の四年制大学を卒業した人で、修士号をもっている場合もあり、研究室での実験や書類作業を手伝うのが仕事である。一時的にこの仕事に携わる人と生涯の仕事としている人がいる。前者は大学院や医学部の専門課程に進むまでのつなぎとして、技術の習得をかねて働いている。後者（career technician）は非常にすぐれた分析技術などをもっていて、その人がいなければ研究室が動かないほどの場合もあるような専門技術者だが、学者になることを拒むか諦めた人々である。優秀な technician は他の研究室に引き抜かれることもあるという。

研究室には animal technician と呼ばれる別のタイプの technician もいて、動物飼育スタッフと訳されることが多い。そういう人々は実験動物の飼育に携わり、大学卒業の資格は必要ではない。これと似たものに animal health technician というのがあるが、こちらは動物病院における補助スタッフで、ふつう動物看護師と呼ばれる。

医学関係の特殊機器を扱う技師も technician と呼ばれることが多く、X線技師（X-ray technician）、MRI技師（MRI technician）、救急救命士（emergency life-saving technician）、臨床工学技師（biomedical equipment technician）などと呼ばれるが、technician の代わりに technologist を使った臨床検査技師（medical technologist）や診療放射線技師（radiological technologist）と言う呼び方もある。

砂漠の島　desert island

さて、翻訳語をめぐるウンチク話もそろそろ種がつきてきたので、最後に自分が犯した、恥ずかしい誤訳を登場させることにしよう。これは「無人島」と訳さなければならないのだが、ある本で、「砂漠の島」というトンデモない初歩的な誤訳をしてしまった。読者から指摘を受けて茫然自失し、赤面したことはいうまでもない。誤植とか誤訳というのは一瞬の心の隙というか不注意から起きるもので、ほかの本では正しく無人島と訳していたのに、なぜか、このときには desert の「砂漠」というイメージに引っ張られて無意識のうちにこう訳してしまったのだ。何度か校正の機会があり、私だけでなく、校正者も読んでいるはずなのに、誤りが見過ごされたまま本になってしまったというわけだ。

英語の desert には「砂漠」のほかに、「不毛の」とか「荒野」という意味がある。語源はラテン語の deserum（見捨てられて土地）で、「遺棄」「放棄」「脱走」などを表す desertion もここからでている。語源からして英語の desert は二〇世紀以前には、「人の住まない土地」という意味で使われていて、それが desert island の謂れなのである。

現代的な用法の desert は日本語の「砂漠」に対応するが、本来は「沙漠」と書いた。有名な歌謡は「月の沙漠」であり、「月の砂漠」ではない。例によって「沙」の字が当用漢字から外されたために「砂漠」に変えられてしまったのだ。「沙」は水と少ないを組み合わせた文字ではあるが、表す意味は「砂」と同義である。

植物生態学で desert は、地面を被覆する植生の比率（被度）が非常に小さい土地の総称として「荒原」と訳される。荒原は（1）砂漠（乾荒原）、（2）寒地荒原、（3）海岸荒原、（4）転移荒原、（5）岩質荒原、（6）硫気孔植物荒原の六つに分けられる。（1）はふつうの砂漠、（2）は極地方や高山など低温のために植物が生育できない場所、（3）は海岸近くで、有効水分の不足や潮風のために植物が生育しにくい場所、（4）は風、水、重力などの作用でたえず土が動いているために植物が生育しにくい場所、（５）は地面が岩石で覆われているために植物が生育しにくい場所、（６）は火山や温泉などで硫黄を含むガスがあるために植物が生育しにくい場所である。

狭義の砂漠は、降水量が少ないことによって生じたものだが、降水量が少なくなる理由は四つほどがある。一つは、世界の気候区分のうえで亜熱帯に位置することが原因である。この地帯は亜熱帯高圧帯と呼ばれ、赤道上で生じた上昇気流が高温で乾燥した空気として下降してくる場所に当たっているために雨が降らないので砂漠になる。サハラ砂漠、カラハリ砂漠、オーストラリア砂漠などがこれに当たる。二つ目は大陸の西側を寒流が赤道に向かって流れる海岸地域に見られるもので、寒流上の空気は冷たくて水分に乏しいため、陸上に上がっても雨を降らさないためである。南アフリカのナビム砂漠や南米チリのアタカマ砂漠がこれに当たる。三つ目は風が山脈を上って雨を降らすとき、山脈の風下に当たる側は水分を奪われた風しかこないためである。南米のパタゴニア砂漠が典型的なものである。四つ目は、海から遠く離れた大陸の奥深くにあるために、海からの水分が届かないために生じる。ユーラシア大陸内部のゴビ砂漠やタクマラカン砂漠はこれに当たる。

こうしてできた既存の砂漠は、近年しだいに拡大をつづけており、概算によれば、年間六〇〇万ヘクタールも拡大しているという。その原因としては、森林の過剰な伐採によって土地の保水力が失われること、家畜の過放牧や焼き畑農業による植生の喪失、そして地球温暖化も一役買っている可能性が大きい。

こうした物理的な砂漠化の進行は、人類の食糧供給や生活環境の悪化という点で深刻な問題である。desert の原義が「人のすめない場所」であることはすでに述べたが、現代文明が人心を荒廃させ、人間らしく生きるのがむずかしい〈生活の砂漠化〉をもたらさないことを、願うのみである。

*

人の世がすみにくいのはいまにはじまったことではないが、現代社会はすみやすい場所に逃げることがむずかしくなっているのでなおさらに生きづらい。かつての村落共同体は煩わしさがあるにしても、濃密な人間関係によって、異端者や少数派もそれなりに受け入れられていた。個人主義的な現代の都会は、個人の自由という点では開放感があるが、その反面、集団への帰属感によってさまざまな苦しみを癒すという機能を失っている。かつては世捨て人という生き方が許されたが、現在の路上生活者はそれと似て非なる者である。

都会で妊娠・出産する女性には、身近に縁者がいなければ、周囲からの心身にわたる援助のないまま孤独な不安に耐えなければならず、心の弱い女性は子殺しや、捨て子、あるいは育児放棄といった地点にまで追い詰められていく。

思春期の悩みを打ち明けあう若者集団が存在しない社会では、インターネットや携帯電話の仮想世界で妄想を膨らませることで悩みを解消しようとするが、それは現実の世界ではない。現実の世界での孤独感はしばしば犯罪への引き金となる。

一九世紀の米国の詩人エマーソンは「群衆のなかで孤高を守る人こそ至高の人間である」と言ったが、凡人にとって、群衆のなかの孤独は耐え難い。多くの人が心の中に闇を抱えることになる。米国社会が病んでいることは、精神分析医の多さからもうかがい知ることができるのだが、日本もしだいに米国型の社会に近づきつつあるのではという懸念はぬぐえない。

そうした不安につけ込むのが、カルト宗教やインチキ科学の類である。そうしたものはかつての共同体に代わる帰属集団を与え、複雑で解決のむずかしい問題に簡単明瞭な答えを与えてくれる。しかし、そういったものは心の平安を与えるかもしれないが、問題を解決してはくれない。いかに困難でも事実を直視することからしか、何事も始まらないのである。

弁解がましいあとがき

翻訳家というのは因果な商売である。まちがいなく訳すことができても当たり前で、誤訳をすればお叱りを受ける。正確に訳せていても、日本語として読みやすくなければ、「原文がすけてみえる」とか「直訳調だ」とかいった批判を受ける。当人としては、正しくわかりやすく訳そうと細心の注意を払っているつもりでも、原文に引きずられて読みにくい文章になってしまうことがある。うっかりミスや思い違いもあるので、誤訳をゼロにすることはむずかしい。一時期「欠陥翻訳時評」で世の翻訳家を震え上がらせた別宮貞徳氏も、誤訳はつきものでまったくなしにするというのは無理だと認めたうえで、目に余るものだけを時評に取り上げると言っておられた。

誤訳が起きる最大の理由はもちろん英語力で、文法の取り違えが誤訳を生む場合は多い。私もときに初歩的な文法的誤りを犯してしまう。しかし、ある程度の英語力を前提にしても、やはり誤訳はなくならない。その原因の一つに彼我の文化的背景の差がある。英語圏の人間なら常識として知っていることが日本人にはわからないということは数多い。外国映画などで出てくるちょっとした気の利いた台詞は、たいてい聖書、古典や文豪の詩歌や散文からの引用だったりする。よほど有名なものなら日本人にもわかるが、そうでないと意味がわからない。当事者のあいだでは話が通じているようなのだが、なにが面白いのか気づかなければ正しい翻訳ができない。もう一つ解釈という問題もある。文芸批評などというジャンルが成立するのは、日本語の文章を日本人が読んでも、さまざまに異なる解釈が可能だからで、同じ英文を読む英国人がみな同じ解釈をするわけではない。背景となる事実関係を知らないと、まったく的はずれな解釈がなされることもある。解釈の誤りによる誤訳というのも、しばしば起こりうるのである。もちろん、それ以前に思いこみや丁寧に辞書を引かないことによる誤りもある。

私がこの本を書いた動機は、主として生物学関係の用語で、文化的な差を自覚しないために起きている誤訳に警鐘を鳴らすというものだった。たまたま私は生物学を専門分野にしているために、それにかかわることなら些細なことでもアンテナに触れるので、細かな点にも注意を向けることができるのだが、人文的な分野の用語で、私が無知による誤訳をしている可能性は十分にある。自然科学書でも、欧米の著者は高い教養をもっているので、歴史や芸術にかかわる引用が頻繁に見られる。はっきり引用とわかる書き方のときには、それなりの調査もできるが、「もじり」として、さりげなく地の文にまぎれているときには気づかないことがある。それが知らない音楽・絵画・文学・映画の表題などだとピンとこないことも多い。欧米の読者なら、ただちに気づくような含意を見落としてしまうということが起こりうる。つまり、私の文学的、芸術的、あるいは社会学的、歴史学的な教養の欠如が、誤訳を生んでしまうのだ。文化系の学者なら当然知っていなければならないことを見過ごしてしまったとしても不思議ではない。

その意味で、この本は自然科学的な教養に乏しい文化系の翻訳者に読んでいただきたいと思うし、逆に、誰かが、文化系の立場からの翻訳語の問題を論じてくれることを期待したい。

しょせん自己弁護にしかすぎないのだが、自分で翻訳をしたことのない人には、翻訳の大変さはなかなか理解してもらえない。私は編集者・翻訳者・書評子のいずれの役目も果たしたことがあるが、それぞれの立場で見る目は変わる。できあがった他人の翻訳書を読者として読むときには、誤訳が簡単に目に入る。しかし、実際に翻訳をしているときには、そうはいかない。比喩的な言い方をすれば、本のテーマが森を抜ける道だったとして、翻訳という作業は、道の両側に生えている木の一本一本に印をつけながら、道の様子を記述していくようなものである。読者は道をたどっていくだけだから、印をつけわすれたり、まちがった印がつけられていたりすれば、すぐに気がつく。森を見ずにひたすら木を見ている翻訳者はなかなかそのことに気づかないのだ。

もちろん、いったん翻訳して、道が見えてから何度か読み直し、また編集者や校正者も何度か読んでおかしなところがあれば指摘してくれる。それでも誤訳を根絶できないのは、初動捜査の失敗である。最初に訳したときに犯した思いこみによるまちがいから、なかなか抜けきれないのである。その意味で、最初の草稿を丁寧につくることが非常に重要になる。

できあがった草稿を改めて読んでいくと、トンデモナイ誤訳が目に飛び込んできて、「この翻訳者はいったい何をヤッているのだ」と自分で自分を罵ることもしばしばである。この作業を何度か繰り返せば、誤訳や不適切な表現はかなり減るが、それでもいくつかは残ってしまう。残った不適切な訳は、編集者や校正者が指摘してくれるので、ここでまたかなりの割合で誤訳は防げる。こうした作業によって正される歩留まりは、最初の草稿が粗ければ粗いほど悪くなる。時間に追われて粗い草稿をつくってしまうと、何度校正をしても、最終的に誤訳の残る確率が高くなる。まさに初稿、恐るべしなのである。いずれにせよ、翻訳のできについては編集者の役割は大きい。私は編集者だったころ、訳文にコメントをすると激怒する翻訳者がまれにいた。自分の訳文にあれこれ言われるのは、確かに気分のいいことではないが、それで誤訳が減ると思えば、これほどありがたいことはない。私としては、訳文にコメントをくれる編集者は大歓迎である。本の形になってから読者に誤訳を指摘されるほど恥ずかしいことはないのだから。誤訳はもちろん翻訳者の責任であるが、最終的にどれだけ質のよいものになるかは、編集者の腕にかかっている。私自身の翻訳書について、それなりに読める訳文だと言ってもらえるものがあるとしたら、少なくとも何割かは、いい編集者に巡りあえたおかげである。

ところで、またしても自己弁護の調子を帯びるのを認めつつ、読みやすい訳文という点について、一言述べておきたい。日本語として読みやすい文章でなければならないというのは当然の要求なのだが、「いい文章」だという判断はかなり主観的なものである。翻訳文の善し悪しとはレベルのちがう話だが、たとえば大江健三郎の文章は明らかに翻訳文体で、志賀直哉のような名文に比べれば、日本語として美しくない文章という評価も成りたつ。実際、デビュー当時はその文体を悪文として批判されたこともあったのだが、のちにはノーベル文学賞の受賞理由の一つとして東京方言に対する詩的な言語だと称賛された。ことほどさように、文章の評価は時代によっても、人によっても変わるものなのだ。

また状況による使い分けもある。昔、私は a storm in a teacup を「ティーカップの中の嵐」と訳して、評者からお叱りを受けたことがある。「空騒ぎ」と訳すべきだというのである。しかし、それはちょっとちがうのではないかと思う。いまでは teacup より teapot のほうが一般的らしいのだが、現在では「コップの中の嵐」という訳語が定着している。英語以外のヨーロッパ語では、「コップ一杯の水の中の嵐」という表現になっていることがその理由だろうと思われる。私はあえて英国風にティーカップと言ってみたのだが、「空騒ぎ」という定訳を知らないための誤訳だと受け取られたようである。確かに辞書には「空騒ぎ」という訳語が載っているのだが、「空騒ぎ」と「コップの中の嵐」は似ているようでも意味がかなりちがう。「空騒ぎ」は、些細な事柄を針小棒大に騒ぎ立てることだが、騒ぎの起こる空間の大きさとは関係がなく、国をあげた空騒ぎというのもありうる。それに対して「コップの中の嵐」はどんなに強い嵐であっても、それが影響を及ぼす空間が狭いことを意味している。人の生死がかかわる大事件であっても、影響が周囲に及ばない騒ぎは「コップの中の嵐」なのである。したがって、a storm in a teacup を機械的に「空騒ぎ」と訳せばいいというものではないのである。

学問上の師ではないが、私の翻訳業の師匠は、故日高敏隆先生である（私はあまり先生という敬称を使わないのだが、ここはあえて追悼の意をこめて使うことにする）。つきあいは、編集者時代からで、翻訳についていろいろ教わったのだが、それだけでなく、私が翻訳を生業とするようになるきっかけをつくってもいただいた。ずいぶん昔だが、その日高先生に翻訳の読みやすさということについて話を伺ったことがある。先生の意見では、そもそも、きちんと論理を追っていかなければいかず、英文で読んでもむずかしい話題を、すっと頭を通り抜けてしまうような読みやすい日本語にするのは間違いで、読者が論理の筋道をたどれるようにするべきだということだった。自分の訳文の拙さを棚に上げるつもりはないが、書かれている内容がむずかしいために、容易に読み進めることができない文章を、訳が硬いという一言で片づけられるのは、いささか心外である。

その逆の例として、私が編集者時代に、英文学を専門とするプロの翻訳家に自然科学書の翻訳をお願いしたことが何度かあった。できあがった訳文をみると、みごとに読みやすい。これぞプロの仕事かと思って感心しながら原文と引き比べてみると、まるでちがっているのだ。意訳を一概に悪いとはいえないのだが、原文に書いてある大事なことが脱落させられていたり、原文に書いていないことが勝手に付け加わっていたりする。自然科学者の文章というのはさまざまな留保条件をつけながら、断定できることとできないことを区別しながら書くことが多いので、いきおい歯切れの悪い文章になってしまう。そういう文章を翻訳するときに、留保的な部分をそぎ落としてしまえば、確かに明解な文章になるし、読みやすくもなる。しかし、それは正しい翻訳とはいえないのではないか。もっとも、外国における翻訳、たとえばドイツ語の本を英語に訳したものなどでは、難解な部分を訳さずにすますという例は少なくない。編集者時代にドイツ語の翻訳本を担当した際に、よくわからない個所があって、英語版ではどうなっているかと調べてみると、その部分がそっくり抜け落ちているといった経験を何度かしたことがある。西欧語どうしの翻訳では、翻訳者の地位が低く、翻訳者の名前すら載っていないことさえあるので、そういうやり方が許されるのかもしれない。最近では、ドイツ人の筆者が、英語版を翻訳者に任せずに、自分で書くというような例が増えているのは、そのせいかもしれない。

また、英語の文ではまず結論を述べてから、あとに理由を付けるという構造になっているが、日本語では理由を説明してから結論を述べるのがふつうである。したがって訳文としては、日本語風の書き方をした方が読みやすい。しかし、それもまたちがうのではないかというのが、日高先生の意見だった。頭の中では、英語式の順序で思考が進んでいくはずだから、論理的な文章では、完全な日本語式にしてしまうのはおかしいということだった。代名詞についても、同様のことがいえる。日本語は代名詞をあまり使わないので、少なければ少ないほど、美しい日本語になるのだが、やはり論理的な文章では、主語を明確にしなければ困る場合があり、むやみに削ることができない。

文学の翻訳においては、文法的に正確に翻訳するよりも、原文の雰囲気や感情を正確に伝えるのが正しい翻訳だろうが、自然科学書の場合は、科学的な事実を伝えることに主旨があるので、些細な事実でも勝手にいじることはできないのである。文学書や人文書に比べて、自然科学書の文体が多少とも硬くなるのはやむをえないのである。

本書を書くことによって、翻訳語についてめぐらした長年の思いを吐露することができた。前著でも書いたが、これはある意味で、翻訳家としての懺悔でもある。最後に自分のおかした誤訳の例を一つだけあげたが、ほかにもいっぱい不適切な訳語を当てたことがある。それよりなにより、単語ではなく、文章の誤訳だっていくらもしたことがある。けれども、たった一つの単語の決定にさえ、かくも複雑な背景があることを知ってもらえれば、訳の拙さの弁解にはならなくとも、翻訳文というものを、多少とも寛容な心で見ていただけるようになるのではないかと思っている。

最後に、前著につづいて、この本の刊行に骨を折っていただいた八坂書房編集部の畠山泰英氏に感謝する。

二〇一〇年八月

垂水雄二

参考文献

個々の引用については、当該の本文中に示しておいたので、ここでは本書全体を通じて頻繁に参照した、いわば「種本」的な文献のみをあげておく。

ヨハン・ベックマン『西洋事物起源（全4冊）』（特許庁内技術史研究会訳、岩波文庫）

チャールズ・ダーウィン『種の起原』（八杉竜一訳、岩波文庫および渡辺政隆訳、光文社文庫）

ギルバート・ホワイト『セルボーンの博物誌』（寿岳文章訳、岩波文庫）

アリストテレス『動物誌』（島崎三郎訳、岩波文庫）

アリストテレス『アリストテレス全集9—動物運動論・動物進行論・動物発生論』（島崎三郎訳、岩波書店）

プリニウス『博物誌』（Pliny, Natural History III Books 8-11, Loeb Classical Library, Harvard）

アポロドーロス『ギリシア神話』（高津春繁訳、岩波文庫）

『イソップ寓話集』（山本光雄訳、岩波文庫）

ディオスコリデス『ディオスコリデスの薬物誌』（小川鼎三ほか編、鷲谷いづみ訳、エンタプライズ）

『岩波生物学辞典・第4版』（岩波書店）

アイザック・ウォルトン『釣魚大全』（森秀人訳、角川選書）

小野蘭山『本草綱目啓蒙（全4冊）』（ワイド版東洋文庫）

『オックスフォード英語大辞典』（The Oxford English Dictionary）

J・C・ヘボン『和英語林集成』（松村明解説、講談社学術文庫）

『聖書』（共同訳聖書実行委員会訳、小型）

【わ】

ワシ　eagle　87
ワタリガラス　raven, common raven　79
ワッチ　watch　188
ワニ　alligator, crocodile, caiman, gavial　67, 68

群れ　batch, clump, cluster, clutch, crop, crowd, gang, rout, troop, band, throng, muster, drove, tribe, mob, brood　193
群れ（アザラシ，クジラの）pod　193
群れ（大型草食獣の）herd　193
群れ（オオカミの）pack　193
群れ（ガチョウの）gaggle　193
群れ（キツネの）skulk　193
群れ（小鳥の）flock　193
群れ（小鳥の小さな）covey　193
群れ（昆虫の）swarm　193
群れ（バリやウズラの）bevy　193
群れ（ライオンの）pride　193

【め】
芽　bud　31
鳴禽類　song bird　75
芽が出る　in plant　196
メキシコジムギリガエル類　burrowing toad　69
芽キャベツ　brussels sprout　30
目覚まし時計　alarm clock　190
メジロガモ　ferruginous duck　85
雌　female　50

【も】
モア　moa　91
目　order　54
モザイク　mosaic　62
腿　thigh　150
モモアカノスリ　Harris' s hawk　88
門　phylum　54

【や】
ヤギ（雄）　he-goat　50
ヤギ（雌）　she-goat, chimera　50, 60
山羊の歌　goat song　61
薬草　herb　19
薬草園　herbary　20
夜警　night watch　188
ヤード　yard　181

【ゆ】
有機体　organism　131
有機農法　organic farming　133
有機肥料　organic fertilizer　133
有機野菜　organic vegetable　133
有効数字　significant figure　172
幽霊　phantasma　157
指（足の）toe　150
指（手の）finger　150

【よ】
幼獣（呼び名）cub, whelp　51, 52
幼獣（豪：呼び名「ジョーイ」）joey　53
ヨウスコウアリゲーター　Chinese alligator　67
幼虫（完全変態昆虫の）larva　100
幼虫（水生昆虫の）naiad　100
翼開長，翼開張　wing span　179
翼幅　wing span　179
四足歩行　quadrupedal　150

【ら】
ライオン（雌）lioness　50
卵子論者　ovist　130

【り】
リア　rear　148
陸ガメ（英）tortoise,（米）land turtle　69
リコンストラクション　reconstruction　143
リブ　rib　6
リプロダクション　reproduction　143
猟犬　hunting dog　58
猟師　hunter　57
臨界距離　critical distance　152
臨床検査技師　medical technologist　200
臨床工学技師　biomedical equipment technician　200

【る】
類推，類比　analogy　134

【れ】
レア　rhea　91
冷血動物　cold-blooded animal　154
冷酷　bloodless　154
恋歌　mating call　142

【ろ】
ロックバス　rock perch　34
ロハス（LOHAS）Lifestyles Of Health And Sustainability　134

【ふ】
ファンタジー　fantasy　157
夫婦関係　mating type, mating pattern　142
諷喩　allegory　137
フェミニスト　feminist　166
蕗のとう　butterbur sprout　30
副局長　deputy chief　185
復元　reconstruction　143
腹痛　stomach ache　177
ブタ（雄）boar　49
ブタ（雌）sow　49
豚肉　pork　6
腹筋　abdominal muscle　148
不妊　infertility　144
不妊クリニック　fertility clinic　144
不妊治療　fertility treatment, treatment for infertility　144
船　ship　168
不稔　sterility　144
ブラックバス　black bass　34
ブリ　yellowtail　5
ブリ属　amberjack　5
ブルテリア　bull terrier　48
文民統制　civilian control　159
文明　civilization　159

【へ】
平胸類　Ratitae　91
平服　civil cloth　159
ペダル　pedal　150
ベッコウバチ類　spider hunting wasp　107
ベニハシガラス属　chough　82
ヘルニア　hernia　164
変温動物　poikilothermal animal　155
弁護士　lawyer,（米）attorney-at-law 187
弁護人（被告側の）defense attorney　187
編成　organization　132

【ほ】
法医病理学者　medical examiner　187
放棄　desertion　201
暴風雨警報　storm watch　188
ボウフラ　mosquito larva, river worm　101
ホシガラス属　nutcraker　82
母集団　population　194
捕食獣　predator　57
ホトトギスガイ　Asian mussel　42
ポニー　pony　5
母乳育ち　breastfed　145
哺乳類　mammal　56
ホームシック　homesick　177
ホヤ　sea squirt　111
本草書　herbal　20

【ま】
マイル　mile　181
マガモ類　mallard　85
マガン　greater white-fronted goose　84
牧小屋　cowshed　47
マジェランアイナメ（メロ）Patagonian toothfish　37
魔女狩り　witch hunt　57
股　hip　151
マッセル　mussel　42
マネシツグミ　mockingbird　76
麻痺状態　torpor　156
豆　bean, pea　22
豆モヤシ　bean sprout　30
マルハナバチ　bumble bee　107
マンボウ　sunfish　35

【み】
ミス　Miss　168
ミズ　Ms.　168
ミスター　Mr.　168
ミセス　Mrs.　168
ミツバチ　honeybee　107
密猟　poaching　58
ミノムシ　basket worm　98
見張り　watch　188
ミミグロネコドリ　spotted catbird　77
ミミジロネコドリ　white-eared catbird　77
ミミズ　earthworm　96
ミヤマガラス　rook　81
ミヤマガラス類　rook　81
民法　civil law　159

【む】
無為の生活　vegetative life　195
無人島　desert island　200-203
胸　chest, thorax　146
ムール貝　mussel　42

ニワシドリ科の鳥　bowerbird　77
妊性　fertility　144
ニンフ（精霊）nymph　100
ニンフォマニア　nymphpmania　102

【ね】
ネコ（雄）tomcat　49
ネコ（雌）queen　49
ネコドリ（green）catbird　77
ネコマネドリ（grey ）catbird　76
稔性　fertility　144

【の】
ノスリ　buzzard　87
ノバリケン　muscovy duck　85

【は】
葉（イネ科の細長いもの）grass　19
葉（幅広いもの）herb　19
葉（木本植物）leaf　19
ハイイロガン　wild goose, greylag goose　82, 83
ハイエナ男　werehyena　65
媒介者　pollinator　108
配偶型　mating type, mating pattern　142
配偶行動　mating behavior　141
ハイタカ　sparrowhawk　88
背腹　dorso-ventral　147
排卵誘発剤　fertility drug, ovulation inducer　144
ハウンド　hound　58
ハキリバチ　leafcutter bee　107
ハクガン　snow goose　84
ハクチョウ　swan　50
ハクチョウ（雄）cob　50
ハクチョウ（雌）pen　50
白鳥の歌　swan song　72-74
ハシビロガモ類　shoveler　85
ハシブトガラス　large-billed crow　80
ハシボソガラス　carrion crow　80
ハジロ類　pochard　85
バス　bass　34
バスト　bust　146
ハチ　wasp, bee　106
パーチ　perch　31-33
発汗　sweating, diaphoresis, sudation, perspiration　156, 157
発生　development　128, 129
発生学　embryology　128
発生生物学　developmental biology　131
鼻（ゾウの）trunk　146
ハナスガリ　bee wolf　107
馬肉　horsemeat, horseflesh　6
母馬　dam　5
ハマチ　Japanese amberjack　5
ハヤブサ　falcon　50, 86
ハヤブサ（雄）tercel,（米）tiercel　50
ハヤブサ目　Falconiformes　87
腹　belly, stomach, abdomen　148
腹びれ　abdominal fin　148
ハリネズミ　urchin　111
繁殖　reproduction　143
繁殖期　breeding season　142
ハンター　hunter　57
番人　watch　188

【ひ】
ヒキガエル類　true toad　69
ヒクイドリ　cassowary　91
悲劇　tragedy　61
飛行距離　flight distance　151
腓骨　150
膝　knee, lap　151
肘　elbow　151
ヒシクイ　bean goose　84
微生物　organism　131
羊肉　mutton　6
ヒツジバエ　sheep botfly　103
ヒツジバエ科　Oestridae　103
ヒップ　hip　147
蹄　ungula, hoof　150
ヒトデ類　starfish　111
ヒドリガモ類　widgeon　85
ピパ類　surinam toad　69
ヒメバチ類　fly　106
ヒメハナバチ　mining bee　107
病人　patient　176
平泳ぎ　breaststroke　145
平爪　nail　150
ヒラマサ　yellowtail　5
ヒレ　fillet　6

タカ　hawk　87
鷹狩り　falconry, hawking　86
タカサゴイシモチ科　glass perch　33
鷹匠　falconer, austringer, hawker　87
タカ目　Falconiformes, Accipitriformes　86, 87
タカ類（雄）tercel（米）tiercel　50
タケノコ　bamboo shoot, bamboo sprout　29, 30
タコ　octpus, devil fish　111
タチナタマメ　Jack bean　26
ダチョウ　ostrich　91
ダチョウ目　Struthioniformes　91
脱走　desertion　201
タテハチョウ科　nymphalid　100
喩え　metaphor　136
種馬　sire　5
タラの芽　fatsia sprout　30
ダンガリー　dungaree　43, 44
探求者　hunter　57
ダンゴムシ　sow bug, pill bug　99
男性（肉体美の）beefcake　149
探偵　detective　185

【ち】

畜牛　cattle　47
秩序　economy　119
地鳴き　call　74
乳房　breast　145
地方検事　district attorney　187
チュウヒ　harrier　87
徴候　symptom　178
腸内寄生虫　intestinal worm　98
直喩　simile　137
直感　gut feeling　148

【つ】

椎間板　intervertebral disc　164
椎間板ヘルニア　herniated disc　164
椎骨　vertebra　162
追跡　tracking　58
ツクシガモ　common shelduck　85
ツチブタ　aardvark　66
頭痛　headache　177
ツツハナバチ　mason bee　107
ツノガエル類　horned toad　69
爪　nail　150
ツメガエル類　clawed toad　69
釣り人　fisherman　58

【て】

手　hand　150
低体温　hypothermia　156
提喩　synecdoche　137
テクニシャン　technician　199
手首　wrist　151
デバッグ　debug　99
天賦の才　ingenium　197

【と】

胴　trunk, torso, chest　146
闘牛　bullfighting　48
撓骨　radius　150
逃走距離　flight distance　151
当直　watch　188
動物界　animal kingdom　53
動物看護師　animal health technician　200
冬眠　hibernation　156
トウモロコシ（英）maize,（米、豪）corn 15
トケイソウ　passionflower　176
特発性骨折　spontaneous fracture　169
トナカイハナバエ　nostril fly　104
トビ　kite　87
トビケラの幼虫　caddice worm　98
土木工学　civil engineering　159
友だち　mate　142
トラ（雌）tigress　50
鶏肉　chicken　6
トロ　fatty tuna　38
ドンゴロス　dungaree　43, 44

【な】

内温性　endothermy　155
仲間　mate　142
中身　gut　148
ナマコ　sea cucumber　111
南北戦争　American Civil War　158

【に】

ニシコクマルガラス　Eurasian jackdaw　81
二足歩行　bipedal　150
乳ガン　breast cancer　146

植物性器官　vegetative organ　195
植物的霊魂　psyche threptikon　195
ショクヨウアザミ　artichoke　27
女優　actress, actor　50, 167
私立探偵　private detective　185
進化発生生物学（エボデボ）evolutionary developmental biology　131
人口　population　191
人工授精　artificial insemination　144
人物　figure　172
新芽　shoot, sprout　30
診療放射線技師　radiological technologist　200
人類　man, human　166

【す】
髄核　nucleus pulposus　164
水生昆虫　water bug, aquatic bug　99
スイレン　water lily, water nymph　101
スキアシガエル類　spadefoot toad　69
スズガエル類　disk-tongued toad　69
スズガモ類　scaup　85
スズキ（日本産）Japanese sea bass, Japanese sea perch　34
スズメ亜目　Passeri　75
スズメ亜目の小鳥　song bird　75
スズメダイ　yellowtail　5
スズメバチ科　Vespidae　106
スズメバチ属　common wasp　106
スズメ目　Passeriformes　75
スチュワーデス　stewardess　167
スナップエンドウ　snap pea　22, 23
スペイン内戦　Spanish Civil War　158
スポークスマン　spokesman, spokesperson　167
スリッパ　slipper　26, 27

【せ】
背　back　148
聖遺物　relict　112
清教徒革命　English Civil War　158
政治家　statesman, statesperson　167
生殖　reproduction　143
精子論者　spermist　130
生態　biology　125-128
生態学　ecology, biology　122-128
成長する　in plant　196
成長点　vegetative point　195
整備工　engineer　198
生物　organism　131
生物学，生物学的性質　biology　125-128
生物体　organization　132
生理学，生理学的性質　physiology　128
脊柱　vertebral colum　163
脊椎　vertabrae　163
セナガアナバチ　cockroach hunting wasp　107
節約　economy　119
摂理　economy　119
セールスマン　salesman, salesperson　167
前成説　preformation theory　129
前兆　symptom　178
騸馬　gelding　5
専門技術者　technician　199

【そ】
ゾウ（雌）cow elephant　46, 49
捜査　detect　186
相似　analogy　135
増殖　propagation, multiplication, proliferation　143
増殖期ファージ　vegetative phage　195
造船学　naval architecture　160
相同　homology　135
草本植物　herbaceous plant　19
属　genus　54
鼠径ヘルニア　inguinal hernia　165
組織，組織化　organization　132
組織する　organize　132
ソラマメ　broad bean, fava bean, bean　24

【た】
体外受精　in vitro fertilization　144
胎児　fetus　129
代謝症候群　metabolic syndrome　178
ダイズ（大豆）soybean, soya bean　24
体制　organization　132
胎生学　embryology　128
タイセイヨウアカウオ　ocean perch　34
大腿骨　femur　150
体内　in vivo　144
タイラギ　pen shell　42

子羊肉　lamb　6
子ブタ　piggy, piglet, gruntling, porket, porkling, shoat　52
コブハクチョウ　mute swan　74
コムギ　wheat　16
子ヤギ　kid, goatling　52
コリアンダー　coriander　28
婚姻型　mating type, mating pattern　142
婚姻色　nuptial color　142
婚姻飛行　nuptial flight, mating flight　142
婚羽　nuptial plumage　142
根性　guts　148
昆虫　insect　97

【さ】

再生産　reproduction　143
裁判官　lawyer　187
サイン　sign　173
さえずり　bird song　74
サカツラガン　swan goose　83
魚の群れ　school, shoal　192, 193
坐骨神経痛　hip gout　147
雑草　weed　21
サトウキビ　sweet corn　15
サヤインゲン　snap bean, green bean　24
サヤエンドウ　snow pea, snap bean　23
サーロイン　sirloin　6
残存，残留　relict　112
残存種　relict　112
サンフィッシュ科　sunfish　35

【し】

肢　limb　150
ジェントルキツネザル類　bamboo lemur　29, 30
シカ（雄）buck　49
シカ（雌）doe　49
翅開長　wing span　179
鹿肉　venison　6
ジガバチ類　thread waisted wasp　107
指極　span　180
自警団　civil defense　159
市警本部長　chief of department　185
資源量　population　191
自己複製　self-duplication, self-reproduction　143
シジュウカラガン　canada goose　84
自然の有機的関係　economy of nature　119-122
自然発生　spontaneous generation, abiogenesis　170
シタバチ　orchid bee　107
シチメンチョウ　turkey　50
シチメンチョウ（雄）tom　50
歯痛　tooth ache　177
シノリガモ　harlequin duck　85
司法長官　attorney general　187
シマイサキ科　tiger perch　33
若虫　nymph　100
尺取り虫　looper, loop-worm, geometer　101
ジャックと豆の木　Australian chestnut　26
尺骨　ulna　150
ジャノメチョウ　dryad　101
ジャノメチョウ類（亜科）wood nymph　101
種　species　54
州検事　state attorney　187
重症急性無呼吸症候群　Severe Acute Respiratory Syndrome（SARS）　178
集団　population　194
集団遺伝学　population genetics　194
雌雄モザイク　gynandromorph　63
重要な　significant　173
修理工　engineer　198
受精　fertilization　144
授精　insemination　144
受難　passion　176
授乳　breastfeed　145
狩猟　hunting　58
狩猟採集民　Man the Hunter　166
狩猟民　hunter　57
巡査　police officer　186
巡査部長　sergeant　186
症候，症状（病気の）symptom　178
症候群　syndrome　178
上腕骨　humerus　150
植生回復　vegetative restoration　195
植物　vegetable　195
植物園　botanical garden　196
植物界　vegetative kingdom　195
植物学　botany　196
植物学者　botanist　196
植物状態　vegetative state　194

救急救命士　emergency life-saving technician　200
牛車　cow carriage　47
牛肉　beef　6
狂牛病　mad cow disease　46
胸部 X 線写真　chest X-ray　146
胸部外科　thoracic surgery, surgery　146
魚介類　fish and shellfish　111
局長　bureau chief　185
局長補佐　assistant chief　185
去勢ウシ　ox　47
漁労　fishing　58
キンクロハジロ　tufted duck　85
筋肉痛　muscle ache　177

【く】

クジャク（雄）peacock　50
クジャク（雌）peahen　50
クジラ（雌）cow whale　49
クマタカ　eagle, mountain hawk-eagle　87, 88
クマバチ　carpenter bee　107
クラゲ類　Jellyfish, medusa, sea nettle　111
グリーンピース　green peas　23
クロコダイル類　crocodile　68
クロネコマネドリ　black catbird　76
軍事, 軍隊, 軍部, 軍用　military　159

【け】

警戒　watch　188
脛骨　tibia　150
経済　economy　119
警視　deputy inspector　186
刑事　detective, detective-investigator, detective-specialist　185, 186
警視正　inspector　186
計測値　measurements, figure　146
系統発生　phylogeny　129
警部　captain　186
警部補　lieutenant　186
毛虫　wooly worm, hairy caterpillar　98, 101
獣　mammal　55
けもの道　animal trail　58
ケワタガモ類　eider　85
検察官　lawyer, prosecuting attorney　187
検視　postmortem　186
検死官　coroner, medical examiner　186

【こ】

子イヌ　puppy, pup　52
恋煩い　lovesick　177
綱　class　54
コウイカ類　cuttlefish　111
恒温動物　homeothermal animal　155
工学　engineering, technology　198
工学者　engineer　198
工学部（総合大学の）Faculty of Engineering　199
工科大学, 工業大学　Institute of Technology　198
荒原　desert　201
香菜　coriander　28
子ウサギ　leveret, bunny　53
子ウシ　calf　52
子牛肉　veal　6
後成説　epigenesis　129
香草　herb　19
構造化　organization　132
交替時間　watch　188
甲虫　beetle　108
甲虫類（小型の）bug　97
交尾期　mating season　142
後部　back part　148
工兵　engineer　198
公民権　civil rights　159
公務員　civil servant　159
コエンドロ　coriander　28
ゴカイ類　rag worm, sand worm　98
コガネムシ　may bug　99
コガモ類　teal　85
股関節　hip-joint　147
コクガン　brent goose　84
コクマルガラス　Daurian jackdaw　81
コクマルガラス類　jackdaw　81
穀物（英）corn　15
腰帯　hip girdle　147
子ジカ　fawn　52
腰湯　hip bath　147
個体数, 個体群　population　192
個体群生態学　population ecology　192
個体発生　ontogeny　129
子ネコ　kitty, kitten, kit　52
コノリ（ハイタカの雄）musket　88
コハナバチ　sweat bee　107

【お】
オーガニズム　organism　131
牡牛座　the Bull　48
王女　princess　50
オオゴマダラ　tree nymph　101
オオタカ　goshawk　88
大時計（壁掛け式の）grandfather clock　190
オオハシガラス　thick-billed raven　80
オオムギ　barley　16
オシドリ　mandarin duck　85
雄　male　50
オーストラリアンビーンズ　Australian chestnut　26
オナガガモ類　pintail　85
親指（足の）big toe, great toe　150
親指（手の）thumb　150
温血動物　warm-blooded animal　155

【か】
科　family　54
外温性　ectothermy　155
海軍　naval　159
カイコ　silk worm　98
害獣　pest animal　46
海藻類　seaweed　21
懐中時計　pocket watch　190
カイマン類　caiman　67
海里　nautical mile　182
カイワレ大根　white radish shoot　30
カウボーイ　cowboy　47
カエル　frog, toad　69
カエル（ヒキガエル科）toad　69
カエル類　frog　69
カオジロガン　barnacle goose　40
化学、化学的性質　chemistry　128
鉤爪　claw　150
家計　economy, domestic economy　119, 120
肩　shoulder　150
家畜　cattle　47
ガチョウ　goose　50, 82
ガチョウ（雄）gander　50
学校　school　192
ガビアル科　gavial　68
カビング　cubbing　52
カブトムシ　rhinoceros beetle　108, 109
夏眠　aestivation　156
カメ　turtle, tortoise　68, 69
カメノテ　goose barnacle, gooseneck barnacle　39, 40
カメ類（英）chelonian,（米）turtle　69
鴨肉　duck　6
カモ類（雄）drake　50
カモ類（雌）duck　50
カラス　crow　80
カラス属　*Corvus*　79
カラフトシシャモ　capelin　35-37
カリガネ　lesser white-fronted goose　84
カルガモ　spot-billed duck　85
カレイ　yellowtail　5
カワシンジュガイ　freshwater pearl mussel　43
カワホトトギスガイ　zebra mussel　42, 43
ガン科　Anatidae　82
寛骨臼　hip socket　147
監察医　medical examiner　187
監視人　watch　188
関節痛　joint ache　177
汗腺　perspiratory gland　157
顔面神経痛　face ache　177
換喩　metonymy　137
ガン類　goose　82

【き】
キーウィ　kiwi　91
機械時計　clock　189
機械時計（小型の）watch　189
機関士，機関手，機関兵　engineer　198
機構　organization　132
技巧家　technician　199
技師，技術者　engineer　198
技術支援員，技術補佐員（生物学研究室の）（laboratory）technician　199
技術兵　specialist　199
キスジジガバチ　sand wasp　107
議長　chairman　166
ギボシムシ　acorn worm　98
客室乗務員　flight attendant　167
キャペリン　capelin　35-37
脚線美　cheesecake　149
求愛声　mating call　142
求愛ディスプレー　mating display　142
牛海綿状脳症　Bovine Spongiform Encephalopathy（BSE）　46

索　引

（英）イギリス英語
（米）アメリカ英語
（豪）オーストラリア英語

【あ】
アオバダイ科　pearl perch　33
青虫　green caterpillar　101
アカオノスリ　red-tailed hawk　88
赤狩り　red scare　57
アカメ科　giant perch　33
足　foot, pad　150
脚　leg　150
アジ　yellowtail　5
足跡　footprint, track, trail　58
足首　ankle　151
アシナガバチ属　paper wasp　106
アズキ（小豆）azuki bean　24, 25
汗　sweat　156. 157
東屋　bower　77, 78
アーティチョーク　artichoke　26-29
アードウルフ　aardwolf　63-67
アヒル　domestic duck　85
アブ類　horse fly　102
アメフラシ類　sea hare　109
アメリカアリゲーター　American alligator　68
アメリカガラス　American crow　80
アメリカワニ　American crocodile　68
アリゲーター類　alligator　67
安静時狭心症　spontaneous angina　170

【い】
遺棄　desertion　201
生きている化石　living fossil　113
イケチョウガイ　pearly freshwater mussel　43
イソギンチャク　sea anemone　111
遺跡　relict　112
遺存種　relict　112
痛み（背中の）back ache　177
痛み（胸の）heart ache　177
一歳馬　yearling　5
田舎大学　cow college　47
イナゴマメ　bean-tree, locust bean　26
イヌ（雄）dog　49
イヌ（雌）bitch　49
イヌワシ　golden eagle　87
芋虫　caterpillar　101
インゲンマメ　common bean, french bean, kidney bean, bean　23
インディアンの穀物　Indian corn　17
インドガン　bar-headed goose　84
隠喩　metaphor　137

【う】
ウエスト　waist　146
ウシ（雄）bull　47
ウシ（雌）cow　47
ウシヒフバエ　cattle botfly　103
蛆　maggot　101
腕　arm　150
ウニ　sea urchin　111
馬　horse　5
馬（雄）colt, gelding, stallion　5
馬（雌）filly, mare　5
ウマバエ　botfly　102
ウマバエ類　horse botfly　103
ウミウサギガイ　egg cowrie　110
ウミウシ類　sea slug　110
ウミタナゴ科　surf perch　33
ウミユリ　sea lily　111

【え】
栄養器官　vegetative organ　195
栄養繁殖　vegetative propagation　195
エコロジー　ecology　122-124
X 線技師　X-ray technician　200
エピオルニス　elephant bird　89
エボシガイ　goose barnacle, gooseneck barnacle　40
エミュー　emu　91
MRI 技師　MRI technician　200
獲物　prey　58
獲物（哺乳類）game　58
獲物（鳥類）game bird, fowl, winged game　58
エンジニア　engineer　197-200
エンジン　engine　197
エンドウ豆スナック　snack pea　22